詳解

Go言語

JN069683

Web アプリケーション 開発

Web Application Development
in Go Programming Language

清水陽一郎 著

C&R研究所

■権利について

- 本書に記述されている社名・製品名などは、一般に各社の商標または登録商標です。
- 本書では™、©、®は割愛しています。

■本書の内容について

- 本書は著者・編集者が実際に操作した結果を慎重に検討し、著述・編集しています。ただし、本書の記述内容に関わる運用結果にまつわるあらゆる損害・障害につきましては、責任を負いませんのであらかじめご承ください。
- 本書についての注意事項などを5ページに記載しております。本書をご利用いただく前に必ずお読みください。
- 本書については2022年6月現在の情報を基に記載しています。

■サンプルについて

- 本書で紹介しているサンプルコードは、GitHubからダウンロードすることができます。詳しくは5ページを参照してください。
- サンプルコードの動作などについては、著者・編集者が慎重に確認しております。ただし、サンプルコードの運用結果にまつわるあらゆる損害・障害につきましては、責任を負いませんのであらかじめご了承ください。

●本書の内容についてのお問い合わせについて

　この度はC&R研究所の書籍をお買いあげいただきましてありがとうございます。本書の内容に関するお問い合わせは、「書名」「該当するページ番号」「返信先」を必ず明記の上、C&R研究所のホームページ(https://www.c-r.com/)の右上の「お問い合わせ」をクリックし、専用フォームからお送りいただくか、FAXまたは郵送で次の宛先までお送りください。お電話でのお問い合わせや本書の内容とは直接的に関係のない事柄に関するご質問にはお答えできませんので、あらかじめご了承ください。

〒950-3122 新潟県新潟市北区西名目所4083-6　株式会社 C&R研究所　編集部
FAX 025-258-2801
『詳解Go言語Webアプリケーション開発』サポート係

◉PROLOGUE

　Goは2012年3月にバージョン1がリリースされてから約10年が経ちました[1]。その間、Goは多くの企業で採用され、その利用シーンもさまざまです[2]。

本書はGoでREST　API Webアプリケーションを開発するときに必要な知識に特化した内容になっています。

　Goは標準パッケージを使うだけでも次のようなパフォーマンスが高いWebアプリケーションを実装できます。

- 追加のミドルウェアを導入しなくても、並行にリクエストを処理可能
- データベースへのコネクションプールの管理
- さまざまなプラットフォームに対するクロスコンパイルができる柔軟なビルドシステム
- シングルバイナリファイルによるデプロイが可能

　共有ライブラリに依存しないシングルバイナリでデプロイできることで本番サーバーあるいはコンテナイメージのサイズを小さくでき、構成やデプロイパイプラインもシンプルに保てます。
起動も速いため、AWS LambdaやGoogle Cloud RunといったFaaSとの相性も良いです。

　また、開発体験を向上させる開発支援機能も充実しています。Goをインストールするだけで次の機能を利用できますし、OSSの静的解析やコードの自動生成機能も充実しています。

- 依存パッケージのバージョン管理
  - 「go mod」コマンド
- コードの自動生成
  - 「go generate」コマンド
- ユニットテストの実行
  - 「go test」コマンド
- ベンチマークテスト
  - 「go test -bench」コマンド
- 並行処理中のレースコンディション(競合状態)の検出
  - 「go test/go run」コマンドの「-race」オプション
- プロファイリングによるパフォーマンスの確認
  - pprof機能
- フォーマットルールを調整する必要がない(調整できない)フォーマッタ
  - 「go fmt」コマンド
- 実装ミスを指摘してくれる静的解析
  - 「go vet」コマンド

---

[1]:https://go.dev/doc/devel/release#go1
[2]:https://go.dev/wiki/GoUsers

そして大きな特徴としてGoはGo1.X系のバージョンの間は後方互換性が保証されているプログラミング言語です[3]。2022年3月にリリースされたGo1.18でジェネリクスが導入されたときも後方互換性が維持されました[4]。筆者は5年弱、Goを実務で使っていますが、バージョンアップで本番環境のコードに修正が必要になったことはほぼありません[5]。古いコードでもほとんど修正することなく利用できますので、過去のプラクティスが今でも有効です。しかし新たに学び始めた人にとってインターネットの広大な海にあるブログや過去のカンファレンス資料から次のようなプラクティスを探し出すのは容易ではありません。

- 「context」パッケージや「database/sql」パッケージといった必須パッケージの使い方
- 「testing」パッケージ以外の標準パッケージを使ったテスト技法
- 業界標準になっているサードパーティ製のOSS
- 誰でも一度はレビューで指摘されてしまうようなWebアプリケーション実装中にありがちな失敗

本書ではベテランGopher[6]が普段使っているイディオムの解説、また標準パッケージや主要なサードパーティ製のOSSを使った実践的なコーディング技法を紹介します。

対象読者

本書の対象読者はGo初心者から中級者になろうとされている方で、具体的には次のような悩みを解決する一助になることを想定しています。

- Goの文法は知っているけど実際の開発ではどういうところに気をつけるのかよくわからない
- Goを使ったWebアプリケーション開発プロジェクトにアサインされたけど、どうしてこう書くのか理由がわからないコードが多い

そのため、ただコードを示すだけでなく「なぜこう書くのか」という疑問を解決することを重視して解説します。

本書の構成について

本書は主に2つの構成からなります。

CHAPTER 01からCHAPTER 12まではWebアプリケーション開発の事前知識としてGoの設計思想や知っていると便利な標準パッケージの機能について紹介します。他のプログラミング言語の経験がある方や、他のプログラミング言語向けに書かれたオブジェクト指向の書籍をGoに適用しようとした方が疑問に持ちやすいGoの機能や知っているだけでコードがよりシンプルに書ける技法を紹介します。

CHAPTER 13以降ではGoを用いたWebアプリケーションのコードをハンズオン形式で解説します。テストコードを書き段階的な変更を繰り返しながら業務の運用に耐えうるAPIサーバーを構築します。

---

[3]:https://go.dev/doc/go1compat
[4]:https://go.dev/doc/go1.18
[5]:パッケージ管理の方法やツールのインストール手順の修正などが必要になったことはあります。
[6]:PHPプログラマーのことを「PHPer」、Rustプログラマーのことを「Rustacean」と呼ぶように、Goプログラマーのことは「Gopher」と呼びます。

業務でコーディングを行う際もコードレビューには現れない「途中で悩んだ結果消したコード」、あるいは「意図を知らないとどうしてこうなっているのかわからないコード（イディオム）」があると思います。第13章以降ではあえて一度、最小限のコーディングを行い、テストや後続の実装でそのコードの問題点を明らかにしつつインクリメンタルなコーディングを繰り返します。

このような構成には次の理由があります。筆者が影響を受けた名著の1つに『アジャイルソフトウェア開発の奥義』[7]があります。この本の「第6章 プログラミングエピソード」ではUncle Bobことロバート・C・マーチン氏が同僚とペアプログラミングでテストファーストを実践しながらボウリングのスコア計算プログラムを実装します。

どのような意図と判断を行ったのか解説をしながらインクリメンタルにテストコードとプロダクトコードの改修を繰り返すこの章では、少しずつ、ときには大きな変更も行いながらプログラムが完成します。

章末の最終的なコードには残っていないコードも数多くあります。筆者はこの解説アプローチに非常に感銘を受けました。最終的なコードをいきなり読むとわからないことも、途中の試行錯誤を読んだ後だと「たしかにこうなるよな」と理解できました。

本書の読者の方々にも本書が「だからこういうコードを書くのか」という学びの機会になれば幸いです。

▌▌▌サンプルコードについて

CHAPTER 13以降で実装するWebアプリケーションは次のGitHubリポジトリにソースコードを公開しています。紙面上の断片的なコードで理解が難しい場合はご利用ください。また、紙面の都合上、本来は1行で記述するコードが折り返しになっている箇所もあります。実際のコードのご確認にもご利用ください。

URL https://github.com/budougumi0617/go_todo_app

▌▌▌本書執筆時の各ツールのバージョンや実行環境について

本書のハンズオンのサンプルコードやコマンドラインの実行環境は表0.1の通りです。**CTRL+C**といったショートカットキーはすべてmacOS上でのみ検証されています。

▼表0.1　各技術のバージョン情報

ツール名	バージョン情報
OS	macOS Monterey 12.3.1
Go	1.18.2
Docker	20.10.4
Docker Desktop	4.8.1
MySQL	8.0.29

▌▌▌本書に記載したソースコードの中の◤について

本書に記載したサンプルプログラムは、誌面の都合上、1つのサンプルプログラムがページをまたがって記載されていることがあります。その場合は◤の記号で、1つのコードであることを表しています。

---

[7]:ロバート・C・マーチン著、瀬谷啓介訳『アジャイルソフトウェア開発の奥義 第2版 オブジェクト指向開発の神髄と匠の技』
（SBクリエイティブ、2008）

CONTENTS

■CHAPTER 05

Go Modules（Goの依存関係管理ツール）

■CHAPTER 06

Goとオブジェクト指向プログラミング

■CHAPTER 07

インターフェース

■CHAPTER 08

エラーハンドリングについて

■CHAPTER 12

ミドルウェアパターン

■CHAPTER 13

ハンズオンの内容について

■CHAPTER 14

HTTPサーバーを作る

■CHAPTER 15

開発環境を整える

■CHAPTER 18

RDBMSを使ったデータの永続化処理の実装

■CHAPTER 19

責務別にHTTPハンドラーの実装を分割する

CHAPTER 01

Goのコーディングで
意識しておきたいこと

　GoはGoogle社内におけるソフトウェア開発の生産性
を向上し、大規模なシステムのスケーラビリティを高め
るために生まれたプログラミング言語です。プログラミ
ング言語の誕生の背景を知りそのプログラミング言語の
「良さ」や「スタイル」を理解することは、その言語の機
能を最大限に活かした設計やコーディングを行うための
近道です。

　Goは他のオブジェクト指向言語や静的型付け言語と
言語仕様が異なる部分があり、他のプログラミング言語
の言語仕様を前提とした設計パターンや書籍のサンプル
コードをそのまま利用するとアンチパターンになる場合
もあります。

SECTION-001

プログラミング言語の誕生の背景を
知るべき理由

　ソフトウェア開発で用いられるプログラミング言語の数は無数です。1940年代にはじめての
プログラミング言語が開発[1]されてから80年以上経った現代でも新しいプログラミング言語が
誕生しています。新しいプログラミング言語は既存のプログラミング言語では解決できない問
題を解決するために誕生します。たとえば、Rubyはプログラミングの楽しさを最大化すること
を目標として設計・開発されています[2]。

　プログラミング言語の開発背景、設計思想、想定している使われ方などを知ることは設計
やコーディングで迷った際の判断材料となります。

　ではGoはどのような理由で生まれたプログラミング言語なのでしょうか。

Goが誕生した理由

　Goが誕生した理由はGoの公式FAQの「Why did you create a new language?」[3]
に記載されています。詳しい開発背景は「Go at Google」[4]という記事にまとめられていま
す。ここではこれらの記事の概要を紹介します。

　Goは2007年にGoogleによって開発が始まったプログラミング言語です。当時、Googleが抱
えていた次のような問題を解決するために開発されました。

- 数十分、数時間単位まで膨れ上がるビルド時間
- 同じ内容の表現方法がプログラマ間で異なり、可読性が低い
- 自動化ツールの作成が困難
- バージョン管理やバージョンアップのコストが高い
- マルチコアプロセッサ、ネットワークシステム、大規模計算クラスタやWebプログラミングモ
  デル上で開発する際に生じる問題

　Goはこれらの問題に対して次のようなことを目指して開発されました。

- 動的型付けインタプリタ言語がもつプログラミングのしやすさ
- 静的型付けコンパイル言語が持つ効率性と型安全性
- ネットワークプログラミング・マルチコアプログラミングを容易にする並行処理の書きやすさ
- 大規模システムや大規模開発チームにおける効率的なプログラミング
- シンプルな言語機能

---

[1]:https://en.wikipedia.org/wiki/Programming_language
[2]:高橋征義、後藤裕蔵著、まつもとゆきひろ監修『たのしいRuby 第6版』(SBクリエイティブ、2019)の監修者まえが
きより
[3]:https://go.dev/talks/2012/splash.article
[4]:https://go.dev/doc/faq#creating_a_new_language

公式ブログの「Go's New Brand」という記事[5]で公開されているBrand Bookの「mission & vision」というページでは次の2文をミッション・思想として掲げています。

- Creating software at scale
- Running software at scale

ここで重要な特徴として挙げられるのはGoが学術的な目的で開発されたわけではなく現代の大規模チーム開発で浮かび上がった問題を解決されるために開発されたプログラミング言語ということです。そのため、オブジェクト指向や関数型プログラミングの基礎となる理論や数学的なアプローチに対してGoの言語仕様の表現力が不足している点もあります。

よって次のようなモチベーションでGoを使うと機能が不足していると感じたり、Goでコードを書くと冗長な表現になってしまうことに不満を持つかもしれません。

- オブジェクト指向のxxxという概念をGoで書きたい
- Xという言語のワンライナーをGoに移植したい

一方で、システム開発の中で浮かび上がった問題を解決するために生まれた言語、ということは開発者からの要望が多ければ（設計思想を守れる範囲で）機能拡張も行われるということです。

実際にGoではモジュールのバージョン管理の方法がGo 1.11から公式機能として提供されました[6]。また、Go 1.16からは実行バイナリにファイルを埋め込む **go:embed** ディレクティブが公式機能として提供されました[7]。

[5]:https://go.dev/blog/go-brand
[6]:https://go.dev/doc/go1.11#modules
[7]:https://go.dev/doc/go1.16#library-embed

迷ったらシンプルを選ぶ

　このような誕生背景・設計思想を持つGoが提供する機能やメリットを最大限に享受するためには、Goを使って設計やコーディングを行うときは「シンプルであるか」を判断基準におくのがよいと筆者は考えます。Goで設計に迷ったときは「他の言語で良いとされるパターンと同じように書く」よりも「どのように書けばシンプルになるか?」を判断基準として重視したほうがよいです[8]。

　Goを書くときはまず「Effective Go」[9]や「Go Code Review Comments」[10]といったコーディングガイドラインに従ってみることをおすすめします。

　「Goに入ってはGoに従え」[11]をすることがシンプルな実装につながります。

---

[8]:GoでJavaの慣習を真似たコードを書くことを「Java-esque code」と呼んで避けるGopherも存在します(https://twitter.com/dgryski/status/1443613501251993609)。
[9]:https://go.dev/doc/effective_go
[10]:https://github.com/golang/go/wiki/CodeReviewComments
[11]:鵜飼文敏氏『「Goに入ってはGoに従え」可読性のあるコードにするために~Go Conference 2014 Autumn基調講演』(https://gihyo.jp/news/report/01/GoCon2014Autumn/0002)

CHAPTER 02

「context」
パッケージ

　この章ではGoを使ったWebアプリケーション開発で必ず利用する「context」パッケージを解説します。Webアプリケーション用の関数やメソッドを定義するときは、第1引数を「context.Context」型の値にします（正確にいうと「context.Contextインターフェースを満たす型の値」ですが、文字数に対して情報量が少ないため本書では表記を「context.Context型の値」に統一します）。「context」パッケージを利用することでGoのコードはキャンセルを簡単にゴルーチンや関数間で伝えたり、透過的にメタデータ情報を伝播できます。

SECTION-003

「context」パッケージの概要

context パッケージ[1]はGo 1.7から追加された標準パッケージです[2]。 context パッケージの役割は次の2点です。

- キャンセルやデッドラインを伝播させる
- リクエストあるいはトランザクションスコープのメタデータを関数やゴルーチン間で伝達させる

context パッケージが提供する機能は次の通りです。コードとしてもコメントを除くとパッケージ全体で400行未満しかありません。

- 定義済みエラー
  - Canceled
  - DeadlineExceeded
- func WithCancel(parent Context) (ctx Context, cancel CancelFunc)
- func WithDeadline(parent Context, d time.Time) (Context, CancelFunc)
- func WithTimeout(parent Context, timeout time.Duration) (Context, CancelFunc)
- type CancelFunc
  - func()(引数、戻り値なしの関数)
- type Contextインターフェース
  - func Background() Context
  - func TODO() Context
  - func WithValue(parent Context, key, val interface{}) Context

唯一、定義されている context.Context インターフェースはリスト2.1です。

▼リスト2.1 「context.Context」インターフェースの定義

```
type Context interface {
  Deadline() (deadline time.Time, ok bool)
  Done() <-chan struct{}
  Err() error
  Value(key interface{}) interface{}
}
```

| COLUMN | xxx型の値 |

「xxx型の値」という表現はJavaなどの他のプログラミング言語でいう「xxxクラスのオブジェクト」や「xxxクラスのインスタンス」と同じです。Goの言語仕様上、「xxx型のオブジェクト」という表現はないため、本書では「xxx型の値」と表現します。

---

[1]:https://pkg.go.dev/context
[2]:https://go.dev/doc/go1.7#context

なぜ「context」パッケージを使うのか?

　HTTPサーバーの開発において context パッケージの利用は必須です。**なぜならばエンドポイントの実装の内部では、クライアントからの通信の切断やタイムアウトはすべて context.Context型の値からしか知ることができないためです**[3]。

　キャンセルを検知できないと、次のような状況でも処理を中断せず続行してしまいます。中断処理を適切に行わなかった処理は、データの不整合を発生させる可能性があります。

- リクエストがタイムアウトしたのに処理を続行してしまう
- サーバーをシャットダウンするためにキャンセルが行われても、リクエスト処理を中断できずサーバーのプロセスが終了する瞬間まで処理を続けてしまい、処理の途中で中断されてしまう

　HTTPサーバーのエンドポイント開発において context.Context 型の値は net/http パッケージの *http.Request 型の値の Context メソッドから取得した context.Context 型の値を利用します。クライアントがリクエストをキャンセルした場合、*http.Request 型の値から取得できる context.Context 型の値がキャンセル状態になるだけです。つまり、HTTPハンドラーの実装内でキャンセルされたことを context.Context 型の値に問い合わせることなく知る方法はありません。

　そのため context.Context 型の値の状態を確認せずに実装していると「クライアント側はキャンセルしていたのに永続化操作を実行してしまった」などによりデータ不整合が発生しやすくなります。

　多くのパッケージが context.Context 型の値を受け取る前提で設計されています。2022年現在、広く利用されているOSSや標準パッケージの関数やメソッドには第1引数が context.Context 型の値になっているものが多く存在します。また、永続化操作を行う database/sql パッケージの各操作メソッドも cotext.Context 型の値を第1引数に受け取ります。

　そのため、自作したHTTPハンドラーメソッド内で利用しなくても関数やメソッドを設計するときは *http.Request 型の値から取得した context.Context 型の値を常に受け取るように実装しておくべきです。キャンセルを伝播させる以外にも各関数やメソッドで context.Context 型の値を受け取るようにする理由はあります。メタデータを透過的に伝播させるためです。

　トレースやメトリクスを計測するツールは、どの関数からでも呼び出す必要があります。このようなツールが分散トレースを行うためには、トレースIDなどが必要になります。Goでこのようなツールを利用する場合、context.Context 引数の中に context.WithValue 関数を使ってトレースIDやリクエストIDを同梱して呼び出し先に伝播させます。本来、その関数で不要な情報も context.Context 引数経由で伝播させることでメソッドに多くのパラメータを渡す必要がなくなります。

---

[3]:タイムアウトはクライアントが指定した時間を経過した場合、「context」パッケージ内の実装からキャンセルが行われます。

▼リスト2.2　常に「context.Context」型の値を引き渡す

```go
func Handle(w http.ResponseWriter, r *http.Request) {
  var body struct {
    ID int
  }
  if err := json.NewDecoder(r.Body).Decode(&body); err != nil {
    // エラー処理
  }
  b, err := GetBook(r.Context, body.ID)
  // 残りの処理…
}

// ロジック中にcontextを使う予定がないメソッド
func GetBook(ctx context.Context, id int) (*Book, error){
  // 呼び出し先の関数やメソッドがcontextを必要とする場合がある
  rows, err := db.QueryContext(ctx, "SELECT id, name, isdn, price FROM books WHERE id=?", id)
  // 残りの処理…
}
```

SECTION-005

キャンセルを通知する

context パッケージを使ってキャンセルを取り扱う方法を見ていきます。まず最初はキャンセルを通知する方法です。

任意のタイミングでキャンセルする

ある処理に失敗した場合、context.Context 型の値を共有するすべての操作をキャンセルしたいときがあります。このようなときは、あらかじめ WithCancel 関数を使って CancelFunc 型の値を取得した context.Context 型の値を呼び出し先に渡します。

リスト2.3は WithCancel 関数を使ったサンプルコードです[4]。2回目の child 関数の呼び出しは事前にキャンセルされているので文字列を出力しません。 context.Background 関数[5]はルートとなるトップレベルの context.Context 型の値を生成します。

▼リスト2.3 「WithCancel」関数を使ったキャンセル可能な「context.Context」型の値

```
func child(ctx context.Context) {
    // 関数の実ロジックに入る前にcontext.Contextの状態を検証する
    if err := ctx.Err(); err != nil {
        return
    }
    fmt.Println("キャンセルされていない")
}

func main() {
    ctx, cancel := context.WithCancel(context.Background())
    child(ctx)
    cancel()
    child(ctx)
}
```

[4]:https://go.dev/play/p/ltb8eZT5Lrc
[5]:https://pkg.go.dev/context#Background

時間制限を設定したい

`context.Context` 型の値に時間制限を設定する方法は2通りあります。

- 指定した「時刻」を経過したらキャンセルする
- 指定した「時間」が経過したらキャンセルする

前者は `time.Time` 型の値を使って `context.WithDeadline` 関数[6]を使います。後者は `time.Duration` 型の値を使って `context.WithTimeout` 関数[7]を使います。

▼リスト2.4　「WithDeadline」関数と「WithTimeout」関数

```
func WithDeadline(parent Context, d time.Time) (Context, CancelFunc)
func WithTimeout(parent Context, timeout time.Duration) (Context, CancelFunc)
```

仕様で決められた制限時間以内に処理を完了させる場合（完了しなかったら即時タイムアウトエラーを出す必要がある場合）に利用します。どちらも戻り値で `CancelFunc` 関数を取得できるので、`defer` 文でこの関数を遅延呼び出しすることでリソースリークが防げます。

では次にどのようにキャンセル通知を受け取るのか、呼び出されるほうの実装を確認します。

[6]:https://pkg.go.dev/context#WithDeadline
[7]:https://pkg.go.dev/context#WithTimeout

SECTION-006

キャンセル通知を知りたい

　キャンセル通知を受け取る方法は、次の条件によって使い分ける必要があります。実装と状況によっては処理が止まってしまうので正しく設計しましょう。

- 必ずキャンセル通知がくる前提なのか
- 「待ち」状態でキャンセル通知を受け取るか

■ キャンセル済みか知りたい

　必ずキャンセル通知があるか不明で、「重い処理の前にキャンセル済みか確認したい」という用途ならば context.Context.Err メソッドを利用するだけでよいです。

　リスト2.3の child 関数が利用例です。DBアクセスやHTTP通信のような場合は、*sql.DB.ExecContext メソッドなどの context.Context 型の値を渡すメソッドを呼べば内部で同様の処理をしているので、実際にこの事前検査を書くことはほとんどありません。

■ キャンセルされるまで待ちたい

　キャンセル通知(完了通知)があるまで処理を待機する場合、context.Context.Done メソッドで得られるチャネルからの通知を待ちます。

　リスト2.5はタイムアウトによるキャンセル通知を待機するサンプルコードです[8]。業務で利用する場合は別ゴルーチンからの通知を待つことが大半でしょう。

▼リスト2.5　「context.Context.Done」メソッドでキャンセル通知を待機する

```
func main() {
    ctx, cancel := context.WithTimeout(context.Background(), time.Millisecond)
    defer cancel()
    go func() { fmt.Println("別ゴルーチン") }()
    fmt.Println("STOP")
    <-ctx.Done()
    fmt.Println("そして時は動き出す")
}
```

▌▌▌キャンセルされるまで別処理を繰り返したい

キャンセル通知があるまで他の処理を繰り返すならば **select** 文と **Done** メソッドを使ってポーリングを行います。例を挙げるとワーカーパターンでの利用が考えられます。つまり、キャンセル通知が来るまでタスクの受信・処理・待機するような実装です。

select 文は操作を多重化できる制御構文です。 **case** にはチャネルに対する受信操作を記載し、いずれかの **case** を満たして処理を進められるまで待機します。 **default** が定義されている場合にいずれかの **case** も条件を満たさない場合は **default** に記載した処理が実行されます。 **default** が定義されていない場合はいずれかの **case** 条件が満たされるまで処理がブロックされます。

リスト2.6は **Done** メソッドで得られるチャネルからメッセージを受信するまで、**task** チャネルからの作業を待機・処理する無限ループを繰り返す処理です[9]。キャンセル通知がない間は **default** に記載された出力を繰り返します。

▼リスト2.6 「select」文を使って待機する

```go
func main() {
  ctx, cancel := context.WithCancel(context.Background())
  task := make(chan int)
  go func() {
    for {
      select {
      case <-ctx.Done():
        return
      case i := <-task:
        fmt.Println("get", i)
      default:
        fmt.Println("キャンセルされていない")
      }
      time.Sleep(300 * time.Millisecond)
    }
  }()
  time.Sleep(time.Second)
  for i := 0; 5 > i; i++ {
    task <- i
  }
  cancel()
}
```

[9]:https://go.dev/play/p/9FSln-DC5Di

SECTION-007

「context.Context」型の値に
データを含める

context.Context 型の値にデータを持たせるには context.WithValue 関数を利用します。context.WithValue 関数で設定したデータは Value メソッドで取得します。データは **any** 型の値として取得されます。毎回キーとして渡す値を指定したり、型アサーションを使う手間を省くため設定用や取得用のヘルパー関数を定義しておくとよいでしょう。

キーには空構造体を用いて独自型を使うのが一般的です。プリミティブな値は他パッケージとキーが衝突する可能性があるため、避けてください。

リスト2.7は context.Context 型の値を使って値を設定したり取得したりするためのヘルパー関数の例です[10]。値は **type traceIDKey struct{}** と独自定義された型を使って設定されたり取得されたりします。

▼リスト2.7 「context.Context」型の値にデータを設定する

```
type TraceID string

const ZeroTraceID = ""

type traceIDKey struct{}

func SetTraceID(ctx context.Context, tid TraceID) context.Context {
  return context.WithValue(ctx, traceIDKey{}, tid)
}

func GetTraceID(ctx context.Context) TraceID {
  if v, ok := ctx.Value(traceIDKey{}).(TraceID); ok {
    return v
  }
  return ZeroTraceID
}

func main() {
  ctx := context.Background()
  fmt.Printf("trace id = %q\n", GetTraceID(ctx))
  ctx = SetTraceID(ctx, "test-id")
  fmt.Printf("trace id = %q\n", GetTraceID(ctx))
}
```

SECTION-008

「context.Context」型の値を扱うときの注意点

　context パッケージはシンプルで柔軟なAPIを提供しています。さまざまな利用方法が考えられますが、ここでは注意点や一般にアンチパターンとされる使用方法について説明します。

「context」の操作は一方通行

　context パッケージを使うときに注意する点は**すべての操作は呼び出し元へ伝播されることはない**ということです。 context パッケージに用意されている関数と context.Context インターフェースのメソッドを見ると次の関係がわかります。

- キャンセルや値を設定するとき(「WithXxx」関数を使うとき)は関数の戻り値として「context.Context」型の値を取得する
- 「context.Context」インターフェースのメソッドは参照系のメソッドしかない

　つまり呼び出されたメソッドでいくら context.Context 型の値を操作しても、呼び出したメソッドに変更を伝えられません。**呼び出されたメソッドの中でWithValue関数を使っても自分が呼び出すメソッド以外の他の非同期処理に値は伝えられません。WithTimeout関数を使っても他の処理にキャンセルを設定できません。**

　なお、呼び出したメソッドが context.Context 型の値だけではなく WithCancel 関数を使って取得した CancelFunc 型の値も呼び出したメソッドの引数に渡していれば、キャンセル処理を呼び出されたメソッド側で実行できます。

構造体のフィールドに「context.Context」インターフェースを含めない

　context.Context 型の値を構造体フィールドとして保持するとそれが対象とするスコープが曖昧になるのでアンチパターンです。メソッドの中で context.Context 型の値を使うときは引数で context.Context 型の値を受け取るようにします。構造体に context.Context 型の値をフィールドとして保持した場合の問題点はGoの公式ブログの「Contexts and structs」[11]という記事で詳細に述べられています。

[11]:https://go.dev/blog/context-and-structs

SECTION-009

「context.Context」型の値に含める情報

　context.Context 型の値にはどのようなデータを含めることもできます。しかし、context.Context 型の値に含めるデータについては context パッケージのパッケージコメントには次のように書かれています。

Use context Values only for request-scoped data that transits processes and APIs, not for passing optional parameters to functions.

The same Context may be passed to functions running in different goroutines; Contexts are safe for simultaneous use by multiple goroutines.

　このコメントで指摘されている context.Context 型の値に含めるデータの要点は、次の通りです。

- APIのリクエストスコープ(トランザクションスコープ)の値を含めること
- 関数への追加引数となる値を含めないこと
- 「context.Context」型の値は複数のゴルーチンから同時に使われても安全

　まず、context.Context 型の値に含めるリクエストスコープの値について考える前に、2つ目の「関数に渡す引数となる値を含めないこと」について考えます。筆者は「context.Context」型の値には関数のロジックに関わる値を含めてはいけないと解釈しています。WithValue 関数で取得した値を使って関数やメソッドの処理が変わるのならばそれは関数やメソッドの引数として渡すべき値です。

　極論をいうと関数が必要とする外部データをすべて context.Context 型の値に含め、引数を context.Context 型の値のみにもできます。しかし、関数やメソッドは名前・引数・戻り値といったシグネチャによって読み手に関数やメソッドの挙動や必要となる要素を伝えます。context.Context 型の値の中に必要な情報が隠蔽されていた場合、読み手はその関数やメソッドが必要となる情報をシグネチャから判断できなくなります。

　次に、改めてリクエストスコープの値について考えます。前述の通り関数やメソッドのロジックに直接影響を及ぼす値は含めないとすると、次のような情報が候補に挙げられます。

- リクエスト元のIPアドレス
- ユーザーエージェント
- リファラ
- ロードバランサやSaaSによって割り振られたリクエストID
- リクエスト受信時刻

これらはどれもそのリクエスト特有の情報になります。ログ出力やエラーレポートの中に含めることで問題調査の効率が上がります。この他にも利用するSaaSやサードパーティのライブラリによっては **context.Context** 型の値を通して透過的に情報をアプリケーションロジックの中にメタデータを伝播させるものもあります。

COLUMN　認証・認可情報はcontextか?

　本節では「 **context.Context** 型の値には関数のロジックに関わる値を含めてはいけない」と言及しましたが、認証・認可情報については一考の余地があると考えます。アプリケーションを実装する上で認証・認可についてビジネスロジックの中で検証しないようにするのは、ビジネスロジックと認証・認可ロジックを疎にしておくための1つのアプローチ方法です。認証・認可処理は組織によってさまざまな形式が考えられます。

- 単純なログイン情報を用いた認証
- アクセス制御リスト(Access Control List、ACL)を利用した認可
- Auth0[12]などのPaaSの利用した認証・認可

　また、それぞれの開発チームや開発者が独自に認証・認可機能を実装することはDRYなコードを書くという観点や実装ミスを防ぐという観点からも避けるべきです。認証・認可処理の実装漏れを防止するには「各機能やHTTPハンドラーの実装者は必ず認証・認可処理を呼び出すこと」と各開発者依存の実装ルールを作るよりも、基盤機能を提供するチームもしくは認証・認可機能チームが実装したミドルウェアやライブラリを強制的に適用させるアプローチのほうが安全です。

　このような要求で考えられる実装パターーンの1つがリスト2.8のような **context.Context** 型の値内の認証・認可情報を検証してデータへアクセス可否を検証する実装です。永続データの操作やAPIリクエストを送信する共通クライアントに認可・認証の検証を実装しておけば、アプリケーションチームはビジネスロジックの実装に集中できます。

---

[12]:https://auth0.com

▼リスト2.8 「context」パッケージを使った認証・認可処理のアイデア

```
import "example.com/auth" // 認証認可の独自ロジックが定義されたパッケージ

type MyDB struct {
  db *sql.DB
}

// ExecContext は*sql.DBの同名メソッドをContextオブジェクトを介した認証機能で
// ラップしたメソッド
func (mydb *MyDB) ExecContext(ctx context.Context, query string, args ...any) (Result, error)
  if !auth.Writeable(ctx) {
    return errors.New("書き込み権限がないユーザーによる実行です")
  }
  return mydb.db.ExecContext(ctx, query, args...)
```

context.Context 型の値を介した認可・認証処理は「context.Context 型
の値によって関数の処理結果が変わる」ことになり、厳密にいうとロジックに影響を与え
ているといえますが、ビジネスロジックが透過的に認証・認可情報を扱うためにリスト2.8
のような設計や実装を行うのもアーキテクチャ全体をシンプルで疎にするための妥協点と
してよいと考えます。

SECTION-010

「context.Context」型の値の情報は
サーバー間で伝わるのか?

Goのクライアント実装で *http.Request 型の値に含めた context.Context 型の値の情報はネットワークをまたいでGoで実装されたサーバーに伝わるのでしょうか。context.Context 型の値に WithValue メソッドを使ってデータを含めることで呼び出し先の関数やメソッドに透過的にデータを渡せます。

では context.Context 型の値はどこまで伝播していくのでしょうか。結論からいうと context パッケージも通常の変数やインターフェースとなんら変わりません。つまり、クライアント上で *http.Request 型の値に設定する context.Context 型の値へ値を入れても、サーバー側のハンドラー用コードに渡される http.Request 型の値の context.Context 型の値にはその値が入りません。

なぜならば context 型の値はGoの言語上に存在する概念でありHTTPの仕様上に存在するものではないからです。もし、GoのHTTPクライアントとGoのHTTPサーバー上で context.Context 型の値を使って情報を受け渡す必要がある場合、たとえば次のような実装をする必要があります。

- クライアント側ではHTTPリクエスト作成時に「context.Context.Value」型の値のデータを使ってHTTPヘッダーを付与する
- サーバー側ではHTTPリクエスト受信時に既定のHTTPヘッダーの値を「context.Context」型の値に「WithValue」メソッドを使ってデータを詰めておく

たとえば、context.Context 型の値を使ってリクエストIDを複数のマイクロサービス間で受け渡す場合は独自クライアントを作成しておく必要があります。New Relic[13]などのSaaSを利用する場合はベンダーから独自クライアントが提供されているはずです。

[13]:https://newrelic.com

SECTION-011

既存のコードが「context.Context」型の値を引数に受け取っていない場合

　業務でWebアプリケーション開発を行う場合、既存コードの改修・拡張が大半です。既存の関数やメソッドが context.Context 型の値を引数に受け取っていない場合、どのように context.Context 型の値をコードに導入すればよいでしょうか。ここで行うべきはそれぞれの関数やメソッドを1つひとつ context.Context 型の値を第1引数に受け取るように改修していくことです[14]。関数やメソッドのシグネチャを変えずに構造体のフィールドに context.Context 型の値を埋め込むような変更は行うべきではありません。

▐▐▐ 「context.TODO」関数を使った段階的なコードマイグレーション

　既存の関数やメソッドの引数に context.Context 型の値を追加していく作業は単純ですがとても時間がかかります。一度のレビュー（1つのPull Request）ですべてのコードを改修するのは実装者・レビューア双方にとっても難しい作業になるでしょう。そのため、少しずつコードを改修するのがよいです。

　このような context.Context 対応をするために context パッケージに用意されているのが context.TODO 関数[15]です。 context.TODO 関数のコメントには次のように記載されています。

　TODO returns a non-nil, empty Context. Code should use context.TODO when it's unclear which Context to use or it is not yet available (because the surrounding function has not yet been extended to accept a Context parameter).

　コメントに記載されている通り、context.TODO 関数は空の context.Context 型の値を返す関数です。空の context.Context 型の値は、context.Context 型の値を外部から受け取るように改修されていない処理の中で、呼び出し先の関数やメソッドの引数に context.Context 型の値が必要となるときに利用します。

　リスト2.9は、context パッケージ未対応の既存のコードを改修する途中の状態を再現したコードです。 GetCompanyUsecase 、GetUser 、GetCompanyByUserID 関数は、context.Context 型の値を受け取らない関数でした。その中の GetUser 関数のシグネチャを改修した直後を想定しています。 GetCompanyUsecase 関数は外部から context.Context 型の値を受け取っていないため、GetUser 関数の引数に渡すべき context.Context 型の値が関数スコープ内に存在しません。そのようなとき context.TODO 関数を利用します。読み手は context.TODO 関数が使われているのを見たとき、「仮の context.Context 型の値を渡しているんだな」とコードを理解できます。

---

[14]:リファクタリングは本来機能に影響がない改修です。「context」パッケージ対応はキャンセルを伝播させるなど意図的な機能拡張を行う改修であるため、あえて「改修」と書いています。
[15]:https://pkg.go.dev/context#TODO

▼リスト2.9 「context.TODO」を使った段階的なコードマイグレーション

```
// context対応が未実施な関数。エラーハンドリングは省略
func GetCompanyUsecase(userID UserID) (*Company, error) {
    // context対応済の関数
    u, _ := GetUser(context.TODO(), userID)
    // context対応が未実施な関数
    c, _ := GetCompanyByUser(u)
    return c
}

func GetUser(ctx context.Context, id UserID) (*User, error) {
    // 何らかの処理
}

func GetCompanyByUserID(u *User) (*Company, error) {
    // 何らかの処理
}
```

　このように **context.TODO** 関数を駆使すれば、巨大な既存コードも少しずつ **context** パッケージ対応を行うことができます。関数やメソッドシグネチャに **context.Context** 型の値を追加するだけならば副作用もほぼ発生しません。

　既存コードが **context** パッケージに対応していない場合、期間や対象パッケージで改修範囲を分けるなどして計画的かつ段階的に **context** パッケージ対応を行うのがおすすめです。

CHAPTER 03

「database/sql」 パッケージ

　Webアプリケーション開発で欠かせないのがリレーショナルデータベースマネージメントシステム（RDBMS）を使った永続化処理です。GoはRDBMSを操作するために標準パッケージとして「database/sql」パッケージを提供しています。

　本章ではGoのWebアプリケーションからRDBMSを操作する際の概要と、いくつかの注意点を解説します。

SECTION-012

「database/sql」パッケージの基本操作

基本的な操作方法は公式サイトで提供されているデータベースのチュートリアルやパッケージドキュメントにリンクがあるWikiページを一通り読むとよいでしょう。

- Accessing relational databases - The Go Programming Language[1]
- SQLInterface - golang/go Wiki[2]

次節からは database/sql パッケージの見落としがちな利用方法を説明します。

COLUMN Goで書かれたOSSのコードリーディング

標準パッケージやOSSパッケージのドキュメントを読んだり、コードリーディングをしたりするのは非常に有用です。

- 標準パッケージからパッケージ構成を学ぶ
- 特定の機能の利用方法を学ぶ
- イディオムを知る
- テストコードの書き方を学ぶ

ではどのようにコードリーディングをすればよいかというと、「pkg.go.dev」からたどる方法をオススメします。まず「pkg.go.dev」上で目当てのパッケージを探すには次のリンクから探します。

- Standard library - pkg.go.dev[3]
- pkg.go.dev(OSSを検索するページ)[4]

「pkg.go.dev」上でパッケージを表示するとパッケージのドキュメントやAPIを確認できますが、各定義をクリックすればソースコード上に移動できます。GoはGoで書かれているため、システムコールや予約語の実装より上の層の実装までならばGoのコードとしてコードジャンプで行き来しながら読解できます。

そしてGoはGitHubのNavigating code on GitHub[5]機能でサポートされているプログラミング言語です。そのため、GitHubでホスティングされているOSSならばソースコードをダウンロードしてローカルでIDEを使用しなくてもブラウザ上で定義元へジャンプしながらコードリーディングできます。参照元も確認できるので、テストコードへ遷移して呼び出し時の流れの確認もできます。

プロダクトで利用するパッケージのドキュメントを確認することは開発の中で日常的だと思います。「pkg.go.dev」上で関数やメソッドを読んだらそのままソースコードを一読してみるとよいでしょう。

---

[1]:https://go.dev/doc/database/
[2]:https://golang.org/s/sqlwiki
[3]:https://pkg.go.dev/std
[4]:https://pkg.go.dev/
[5]:https://docs.github.com/en/repositories/working-with-files/using-files/navigating-code-on-github

「sql.Open」関数を使うのは一度だけ

データベースへ接続する際、最初に行う操作は sql.Open 関数[6]による *sql.DB 型の値の取得です。 database/sql パッケージは *sql.DB 型の値を介してクエリを実行したり、トランザクションを開始します。また、*sql.DB 型の値は複数のゴルーチンからの操作に対してスレッドセーフです。

Goの database/sql パッケージにはDBへのコネクションをプールする機能があります。コネクションプールの機能は利用者側で明示的に設定をしなくても利用できます。

database/sql パッケージでは、*sql.DB 型の値が内部構造にコネクションプールを持っています。つまり、*sql.DB 型の値はWebアプリケーション起動時に一度だけ作成すればよく、アプリケーションが終了するまで *sql.DB 型の値の Close メソッドを呼ぶ必要はありません。

HTTPリクエストを受け取るたびに sql.Open 関数を呼ぶように実装をするとコネクションが再利用されず、database/sql パッケージはパフォーマンスが悪くなります。したがって、sql.Open 関数は main 関数や起動時に行う初期化処理の中で一度だけ行います。

コネクションプールの詳細を知るには@cou929[7]さんの「Goのsql.DBがコネクションプールを管理する仕組み」というブログ記事をおすすめします[8]。

■ コネクションに関する設定変更

database/sql パッケージはユーザーが設定を行わなくても自動でコネクションプールを管理します。ただし、プロダクトのドメイン特性や、サーバーの同時起動数、接続先のDBのサーバー性能などによって最適値は異なるため、具体的な設定値はデータベース管理者と相談することになります。

アプリケーション最大接続数などのコネクションに関する設定の変更方法は database/sql パッケージの説明と公式ドキュメント[9]で確認できます。具体的には database/sql.DB 型の次のメソッドでコネクションの設定情報を変更できます。

- func (db *DB) SetConnMaxIdleTime(d time.Duration)
  - https://pkg.go.dev/database/sql#DB.SetConnMaxIdleTime
- func (db *DB) SetConnMaxLifetime(d time.Duration)
  - https://pkg.go.dev/database/sql#DB.SetConnMaxLifetime
- func (db *DB) SetMaxIdleConns(n int)
  - https://pkg.go.dev/database/sql#DB.SetMaxIdleConns
- func (db *DB) SetMaxOpenConns(n int)
  - https://pkg.go.dev/database/sql#DB.SetMaxOpenConns

[6]:https://pkg.go.dev/database/sql#Open
[7]:https://twitter.com/cou929
[8]:https://please-sleep.cou929.nu/go-sql-db-connection-pool.html
[9]:https://go.dev/doc/database/manage-connections

SECTION-014

「Xxx」メソッドと「XxxContext」が存在する
ときは「XxxContext」メソッドを利用する

　database/sql パッケージには context パッケージに対応した XxxContext メソッド
とそうでない Xxx メソッドが定義されています。 Xxx メソッドは context パッケージが追加
する前に定義されたメソッドであり、後方互換性を保つために残されています。

　Xxx メソッドと XxxContext が存在するときは XxxContext メソッドを利用します。Xxx
Context メソッドを利用する理由は25ページで説明した通り、データベースに対する処理を
実行中に外部からキャンセルを伝えるためです[10]。

---

　[10]:タイミングの問題なので必ず実行前にキャンセルできる保証はありません。

「sql.ErrNoRows」が発生するのは
「*sql.Row」型の値が戻り値のメソッドだけ

database/sql パッケージにはいくつか定義済みの error インターフェースを満たすパッケージ変数が存在します。その中で一番コードで多用するのが sql.ErrNoRows エラーです。 sql.ErrNoRows エラーはSQLの実行結果としてレコードが得られなかったときに発生します。

sql.ErrNoRows エラーを扱うときに注意は「そのメソッドは本当に sql.ErrNoRows エラーが返るのか?」です。 sql.ErrNoRows エラーの説明を見てみましょう。

ErrNoRows is returned by Scan when QueryRow doesn't return a row. In such a case, QueryRow returns a placeholder *Row value that defers this error until a Scan.

ここで重要になるのは「when QueryRow doesn't return a row」です。 sql.ErrNoRows エラーは sql.QueryRow.Scan メソッドでスキャンできるレコードがなかったときのみ発生します。つまり、リスト3.1のような if 条件を書いても、QueryContext メソッドからは sql.ErrNoRows エラーは発生しません。

▼リスト3.1 「QueryContext」メソッドから「sql.ErrNoRows」エラーは発生しない

```
func (r *Repository) GetUsersByAge(age int) (Users, error) {
  var us Users

  // QueryContextはレコードが複数行、返される可能性があるメソッド
  rows, err := r.db.QueryContext(ctx, "SELECT name FROM users WHERE age= ?", age)
  if errors.Is(err, sql.ErrNoRows) { // この条件が満たされることはない
    // 実行される可能性がない処理
  } else if err != nil {
    return nil, err
  }
  // 残りの処理…
}
```

大半のサードパーティ製のORMライブラリも同様のエラー構成を継承しています。たとえば github.com/jmoiron/sqlx パッケージ[11]も単一のレコードを取得する GetContext メソッドからは sql.ErrNoRows エラーが発生しますが、複数行のレコードを取得することを目的とした SelectContext メソッドからは sql.ErrNoRows エラーが発生しません。

「ロジック的にレコードが見つからない場合もあるのでsql.ErrNoRowsエラーだったらエラーにせず別処理を継続しよう」という考えで実装すると意図通り動かないことがあるので注意しましょう。

SECTION-016

トランザクションを使うときは「defer」文で「Rollback」メソッドを呼ぶ

　RDBMS上のデータを更新する際にトランザクションを利用するケースは多いです。Goでトランザクションを扱う場合は ***sql.DB** 型の値の **Begin** / **BeginTx** メソッドから ***sql.Tx** 型の値を取得します。トランザクションを利用した際は操作結果を永続化するコミットと操作結果を破棄するロールバックのどちらかを実行する必要があります。Goのコード上では**defer文を使ってRollbackメソッドは必ず呼び出すようにしておきます。**

　リスト3.2はトランザクションを利用する一連の流れの誤った実装例です。最初に **BeginTx** メソッドを使ってトランザクションを開始し、最後に **Commit** メソッドで一連の処理を反映します。処理中に何らかの異常が見つかったときは **RollBack** メソッドを呼んでトランザクション中に行った処理を破棄します。トランザクションを開始した後は **err != nil** とエラー状態を検知するたびに **Rollback** メソッドを呼び出してエラーを返して終了しています。

　このような実装だとトランザクション中にエラーハンドリングが必要になるたびに **Rollback** メソッドの呼び出しを忘れてバグを混入する可能性が出てきます。実際、**更新処理2** を行った後のエラー判定処理では **Rollback** メソッドを呼び出し忘れています。

▼リスト3.2　「defer」文を使わないロールバック

```
func (r *Repository) Update(ctx context.Context) error {
  tx, err := r.db.BeginTx(ctx, nil)
  if err != nil {
    return err
  }

  _, err := tx.Exec(/* 更新処理1 */)
  if err != nil {
    tx.Rollback()
    return err
  }

  _, err := tx.Exec(/* 更新処理2 */)
  if err != nil {
    return err // Rollbackメソッドの実行を忘れている
  }

  _, err := tx.Exec(/* 更新処理3 */)
  if err != nil {
    tx.Rollback()
    return err
  }

  // その他の処理
```

▼

▼

```
    return tx.Commit()
}
```

　リスト3.3は `defer` 文を使って `Rollback` メソッドを呼び出す実装です。`defer` 文で宣言した処理はメソッドスコープが完了するタイミングで必ず実行されるため特定のフローで `Rollback` メソッドを呼び出し忘れることはなくなります。

　トランザクション中でエラーが発生せず正常フローで `Commit` メソッドを呼んだ後も `Rollback` メソッドが呼ばれることを懸念する方もいるかもしれません。しかし、`Rollback` メソッドは `Commit` メソッドや `context` パッケージ経由のキャンセルが実行済みのトランザクションに対して実行されてもRDBMS上で「ロールバック処理」を実行しません。実装ミスが起きる可能性が減るので、`Rollback` メソッドは必ず `defer` 文を使って実行予約をしておきましょう。

▼リスト3.3　「defer」文でロールバックする

```
func (r *Repository) Update(ctx context.Context) error {
    tx, err := r.db.BeginTx(ctx, nil)
    if err != nil {
        return err
    }
    defer tx.Rollback()

    _, err := tx.Exec(/* 更新処理1 */)
    if err != nil {
        return err
    }

    _, err := tx.Exec(/* 更新処理2 */)
    if err != nil {
        return err
    }

    _, err := tx.Exec(/* 更新処理3 */)
    if err != nil {
        return err
    }

    return tx.Commit()
}
```

SECTION-017

「database/sql」パッケージの代わりに よく利用されているOSSについて

ここまで、標準パッケージの **database/sql** パッケージの使い方を紹介してきました。GoがRDBMSを操作する仕組みを理解するためには **database/sql** パッケージの仕様を理解することが重要です。しかし、次のような理由で **database/sql** パッケージをプロダクト開発の中でそのまま使うことはあまりありません。

- 「database/sql」パッケージはクエリの取得結果を構造体にマッピングするのが手間
- SQL（あるいはDSL）からRDBMSを操作するGoのコードを自動生成したい
- Ruby on RailsのActive Record[12]のようなORMを使いたい

上記の開発者の要求を満たすためにさまざまなRDBMSを操作するOSSが公開されています。ここではよく話題にあがるOSSをいくつか列挙しておきます。それぞれの機能の詳細は紹介しませんが、どのOSSも特徴は異なるのでプロダクトや開発チームの課題に合わせて選択するとよいでしょう。

▌「github.com/jmoiron/sqlx」パッケージ

github.com/jmoiron/sqlx パッケージは **database/sql** パッケージに使用感が近く、SQLを手書きする必要があります。

URL https://jmoiron.github.io/sqlx

▌「github.com/ent/ent」パッケージ

github.com/ent/ent パッケージは、SQLを書かずにスキーマやRDBMSの操作を自動生成してくれます。

URL https://entgo.io

▌「gorm.io/gorm」パッケージ

gorm.io/gorm パッケージは、GoでORMといえば一番多く挙げられるOSSです。

URL https://gorm.io

▌「github.com/kyleconroy/sqlc」パッケージ

github.com/kyleconroy/sqlc パッケージは、SQLからRDBMSにアクセスできる型安全なコードを自動生成してくれます。

URL https://sqlc.dev

▌「github.com/volatiletech/sqlboiler/v4」パッケージ

github.com/volatiletech/sqlboiler/v4 パッケージは、RDBMSのテーブル定義からコードを自動生成してくれます。

URL https://pkg.go.dev/github.com/volatiletech/sqlboiler/v4

[12]:https://guides.rubyonrails.org/active_record_basics.html

CHAPTER 04

可視性とGo

　Goには他の言語でよくある「private」や「public」といったアクセス修飾子の概念がありません。Goに存在するのは「パッケージ外から参照できるか/できないか」のみです。Goではこの違いをexported/unexportedと呼びます。

SECTION-018

public/privateと
exported/unexportedの違い

　JavaやC#などでいわれる一般的な public/private と exported/unexported [1]にはどのような違いがあるのでしょうか。

　Goの **unexported** という状態はJavaでいうパッケージプライベートに近い公開状態です。小文字で始まるパッケージ変数、関数や構造体、構造体フィールドは **unexported** な宣言になります。**unexported** な定義は異なるパッケージから参照することはできません。

　これを言い換えると同じパッケージの中からならばunexportedな関数や構造体フィールドを参照できます。そのため、たとえば **domain** というパッケージの中にビジネスロジックを詰め込んだ構造体を配置した場合、それぞれのビジネスロジック同士はお互いに参照・作用し合うことができます。よって **public/private** という概念の感覚でGoで設計・実装を行うとカプセル化に失敗する可能性があります。

▼リスト4.1　「unexported」と「private」の違い

```
package domain

import "fmt"

type Person struct {
  firstName string
  lastName  string
}

func (p *Person) GetFirstName() string { return p.firstName }

type Book struct {
  Author *Person
}

func (b *Book) AuthorName() string {
  // 同じパッケージの中なのでPerson構造体のunexpotedなフィールドを直接参照可能
  return fmt.Sprintf("%s %s", b.Author.firstName, b.Author.lastName)
}
```

　public と **private** という可視性の概念をGoで表現するためにリスト4.2とリスト4.3のように構造体1つひとつを個別のパッケージに分けて宣言することもできなくはありません。しかし、Goの言語仕様はパッケージの循環インポートを許しません[2]。そのため、構造体の数だけパッケージを作成する行為は不要なパッケージ構成の配慮をする必要が生まれます。

　よって筆者は多数のパッケージを作成して擬似的に **private** な可視性を作る設計を推奨しません。

---

[1]:https://go.dev/ref/spec#Exported_identifiers
[2]:https://go.dev/ref/spec#Import_declarations

▼リスト4.2 「Person」型のみ存在する「person」パッケージ

```
package person

type Person struct {
  firstName string
  lastName  string
}

func (p *Person) FirstName() string { return p.firstName }

func (p *Person) LastName() string { return p.lastName }
```

▼リスト4.3 「Book」型のみ存在する「book」パッケージ

```
package book

import (
  "fmt"

  "person"
)

type Book struct {
  Author *person.Person
}

func (b *Book) AuthorName() string {
  // パッケージが異なるのでPerson.firstNameを直接参照できない
  return fmt.Sprintf("%s %s", b.Author.GetFirstName(), b.Author.GetLastName())
}
```

また、**exported/unexported** のルールは標準パッケージを利用する際にも適用されます。そのため、JSONやDBのレコードを格納するための構造体は **encoding/json** パッケージや **database/sql** パッケージに対してフィールドを公開する必要があります。よって一般にDAO（Data Access Object）と呼ばれるオブジェクト用の構造体はデータベースやJSON構造体をマッピングするためのフィールドを **exported** にする必要があります。

これはデータを扱うための構造体はイミュータブルに定義できないことを意味します。

COLUMN 「internal」パッケージ

　Goには internal パッケージという特別なパッケージ名があります。 internal という名称のディレクトリを作成した場合、外部のパッケージからは参照できなくなります。 internal パッケージの1つ上の階層のパッケージとその階層以下のパッケージならばアクセスできます。

　たとえば、example.com/root/internal パッケージに exported な Hooga 型が宣言されていた場合でも、example.com/root/ パッケージ配下のパッケージからしか example.com/root/internal.Hoge 型へアクセスできません。

CHAPTER 05

Go Modules（Goの依存関係管理ツール）

　オペレーティングシステムやプログラム言語には利用するパッケージのバージョンや依存関係を管理するためのツールが用意されています。C#ではNuGet、Java Scriptではnpmなどが有名です。GoではGoコマンドのサブコマンドである「go mod」コマンドを使ってパッケージ管理を行います。

　本章ではGoのパッケージ管理ツールである「Go Modules」について概要を述べます。

モジュールとパッケージ

Goで依存するライブラリなどを指す名称として「**モジュール**」と「**パッケージ**」が存在します。モジュールはバージョニングしてリリースする単位です。パッケージは特定のディレクトリに含まれているソースコードの総称です。たとえば、あるGitHubeにあるリポジトリが1モジュールで、該当リポジトリの各ディレクトリがパッケージになります。

Go Modules以前の情報は参考にしない

Go Modulesの説明を行う前にGoのパッケージ管理の歴史について補足しておきます。Goがリリースされたときには、Goは標準のパッケージ管理ツールを提供していませんでした。サードパーティ製のパッケージ管理ツールがありましたが、その時々で有力なツールが何回か変わっており、古い情報は参考にできません。

Goのパッケージ管理について検索するとGo Modules以外のツールの情報がヒットすることがありますが、それらは無視してください。GoはGo 1.xの間は後方互換性が保たれている[1]ため、過去に考えられたほとんどのプラクティスが今でも有効です。しかし、パッケージ管理についてはこの限りではありません。2022年現在は特別な理由がない限りGo Modulesを使いましょう。

Go Modulesは2018年にリリースされたGo 1.11で試験的なサポートが始まり[2]、2019年にリリースされたGo 1.13から正式にサポートされた機能です[3]。次のようなツールはGo Modules登場前に使われていた仕組みのため、検索して出てきても無視してください。

- glide
  - https://github.com/Masterminds/glide
- dep
  - https://github.com/golang/dep
- vgo
  - https://github.com/golang/vgo

また、Go Modulesは `GO111MODULE` 環境変数によって挙動が変わりますが、この環境変数は2021年にリリースされたGo 1.16からデフォルトで `on` になっています[4]。そのため、本書の説明や本章以降の操作は `GO111MODULE=on` が前提になります。

それでは改めてGo Modulesの説明に移ります。

[1]:https://go.dev/doc/go1compat
[2]:https://go.dev/doc/go1.11#modules
[3]:https://go.dev/doc/go1.13#modules
[4]:https://go.dev/doc/go1.16#go-command

SECTION-020

Go Modules

Go Modulesは`go.mod`ファイルと`go.sum`ファイルを用いて依存パッケージのバージョン管理を行う仕組みです[5]。`go`コマンドのサブコマンドとして提供されているので、Goをインストールした時点から利用できます。また、Go Modulesを利用すると**GOPATH**環境変数の指定ディレクトリ以下にパッケージのディレクトリを配置しなくてもGoの開発ができるようになります[6]。

■ セマンティックバージョニング

あるモジュールがバージョンアップしたときに、利用者はそのバージョンアップが破壊的変更を含むのか、プレリリース版なのかなどを確認してバージョンアップに追随する必要があります。バージョン番号で更新の主旨を示すのが**セマンティックバージョニング2.0.0**です[7]。Go Modulesで管理するモジュールも原則セマンティックバージョニング2.0.0に則って管理されている必要があります[8]。GitHubで管理されているモジュールならばセマンティックバージョニングに則って作成されたタグやリリースでバージョンの新旧が判断されます。特定のバージョンにこだわる必要がないならば`latest`を指定したモジュールの取得もできます。

■ Minimal Version Selection(MVS)

Go Modulesの大きな特徴は依存先を確認する際に極力古いモジュールのパッケージを利用するように設計されていることです。たとえば、`go.mod`ファイルを作成した「マイパッケージ」が「パッケージA」と「パッケージB」に依存していて「パッケージA」と「パッケージB」が次のようなバージョンの「パッケージX」と「パッケージY」に依存しているとします。

- マイパッケージ
  - パッケージA
    - パッケージX v1.0.1
    - パッケージY v1.1.0
  - パッケージB
    - パッケージX v1.0.8
    - パッケージY v1.2.3

極力、古いバージョンが選択されるので「パッケージX」は「パッケージX v1.0.1」が選ばれます。「パッケージB」が「パッケージY v1.1.0」を使うと正しく動かない場合は「パッケージY v1.2.3」が選ばれます。バージョンの選択アルゴリズムの詳細はGoチームのRuss Cox氏[9]が書いた「**Minimal Version Selection**」[10]を参照してください。

---

[5]:https://go.dev/blog/using-go-modules
[6]:Go Modules登場以前のGoでは、ローカルで開発するときは「GO111MODULE=off」を指定した場合と同様に「GOPATH」環境変数で指定されたディレクトリ配下にコードを配置する必要がありました。
[7]:https://semver.org/lang/ja/
[8]:https://go.dev/doc/modules/version-numbers
[9]:https://twitter.com/_rsc
[10]:https://research.swtch.com/vgo-mvs

Go Modulesの開始方法

Go Modulesは **go.mod** ファイルを作成することで開始できます。具体的にはアプリケーションやリポジトリのルートディレクトリで **go mod init** コマンドを実行します。 **GOPATH** 環境変数で指定された場所以外、もしくはモジュール名をディレクトリ構造と異なる名前にしたい場合は引数にモジュール名を指定します。

▼リスト5.1 「go mod init」コマンドの実行

```
$ go mod init

$ go mod init github.com/budougumi0617/example
go: creating new go.mod: module github.com/budougumi0617/example
```

モノリポ[11]構成でない場合、**go.mod** ファイルは**リポジトリに1ファイルで十分です**。サブパッケージを作るたびに **go mod init** コマンドを実行する必要はありません。 **go.mod** ファイルの作成後は **go get** コマンドで利用したいパッケージを取得します。

パッケージの依存関係が更新された場合は自動で **go.mod** ファイル、**go.sum** ファイルが更新されます。モジュールのルートディレクトリ（ **go.mod** ファイルがあるディレクトリ）ではなくサブディレクトリで **go get** コマンドを実行した場合も自動で **go.mod** ファイルと **go.sum** ファイルが更新されます。

▌▌▌ v2.x.x以上のバージョンのパッケージがうまく呼び出せない

リリースバージョンが **v0.x.x** 、 **v1.x.x** の間は意識する必要がないのですが、**v2.x.x** 以上のバージョンが付与されているパッケージは **go get** コマンドで呼び出したり、 **import** 文に記載するパッケージ名が少し異なります。

OSSの例を挙げるとGoのWebアプリケーションフレームワークである **Echo** [12]は2022年4月現在、**v4.7.2** までバージョンが公開されています[13]。リポジトリを見ると **v4** ディレクトリは存在しませんが、**go.mod** ファイルのmoduleの部分を確認すると **v4** が付与されているのがわかります。

▼リスト5.2 「Echo v4.7.2」の「go.mod」ファイル

```
module github.com/labstack/echo/v4

go 1.17

require (
    github.com/golang-jwt/jwt v3.2.2+incompatible
    github.com/labstack/gommon v0.3.1
    github.com/stretchr/testify v1.7.0
```

[11]:https://en.wikipedia.org/wiki/Monorepo
[12]:https://github.com/labstack/echo
[13]:https://github.com/labstack/echo/tree/v4.7.2

```
    github.com/valyala/fasttemplate v1.2.1
    golang.org/x/crypto v0.0.0-20210817164053-32db794688a5
    golang.org/x/net v0.0.0-20211015210444-4f30a5c0130f
    golang.org/x/time v0.0.0-20201208040808-7e3f01d25324
)
```

このようなモジュール名に **v2** 以上のバージョン名がついたモジュールをコード内で利用するときは、リスト5.3のようにバージョンのポストフィックスをつけずに利用します。

▼リスト5.3　v2以上のモジュールの利用方法

```
package main

// go.modのmoduleに書いてあるmodule名でインポートする
import "github.com/labstack/echo/v4"

func main() {
    // 呼ぶときは v4.New() ではない
    e := echo.New()

    // ...
}
```

go get コマンドを利用するときは go.mod ファイルに記載されたバージョンを含んだパッケージ名を指定する必要があります。

github.com/labstack/echo パッケージを例に説明すると、github.com/labstack/echo を指定して go get コマンドを実行すると v3 系のモジュールが取得されます。 github.com/labstack/echo/v4 まで指定して go get コマンドを実行すると期待通り v4 系のモジュールが取得できます。

▼リスト5.4　「go get」コマンドの実行

```
$ go get -u github.com/labstack/echo
go: added github.com/labstack/echo v3.3.10+incompatible
go: added github.com/labstack/gommon v0.3.1
go: added github.com/mattn/go-colorable v0.1.12
go: added github.com/mattn/go-isatty v0.0.14
go: added github.com/valyala/bytebufferpool v1.0.0
go: added github.com/valyala/fasttemplate v1.2.1
go: added golang.org/x/crypto v0.0.0-20220525230936-793ad666bf5e
go: added golang.org/x/net v0.0.0-20220531201128-c960675eff93
go: added golang.org/x/sys v0.0.0-20220520151302-bc2c85ada10a
go: added golang.org/x/text v0.3.7
```

▼リスト5.5　「go get」コマンドの実行(v4系の取得)

```
$ go get -u github.com/labstack/echo/v4
go: downloading github.com/labstack/echo/v4 v4.7.2
go: added github.com/labstack/echo/v4 v4.7.2
```

Go Modulesでよく使うコマンド

go mod サブコマンドには go mod init コマンドをはじめとして数種類のサブサブコマンドがあります[14]。ここではGoでパッケージ管理をするときにGo Modulesの機能で多用するコマンドを説明します。

||| 新しくGoのパッケージ（アプリケーション）を作りたい

新しくリポジトリを作成しGoのパッケージやアプリケーションを作る際は go mod init コマンドを使います。52ページで一度紹介しているのでここでの説明は割愛します。

||| 依存パッケージを更新したい

依存パッケージを更新したい場合は go get -u コマンドを使います。特定のパッケージだけ更新する場合は go get -u exmaple.com/pkg のようにパッケージ名を指定します。go get -u ./... と実行すれば go.mod ファイルで管理されているパッケージすべてのバージョンが更新されます。

||| 「go.mod」ファイル、「go.sum」ファイルをきれいにしたい

go.mod ファイルを修正した後は構成管理に更新内容をコミットする前に go mod tidy コマンドを実行しておくのがおすすめです。手元で何回か依存先を変更していると余計な記述が go.sum ファイルに残っていたりします。go mod tidy コマンドは実行も数秒で完了するので念のため実行してみるのがおすすめです。

[14]:https://go.dev/ref/mod#mod-commands

依存先のコードにデバッグコードを
差し込みたい

正直にいうと、筆者はいまだにコーディングしている最中、挙動が理解できなくなるときがあります。そのようなときは、依存先のパッケージにどんな値が渡っているのか、デバッグコードを差し込みたいときがあります。特に設定をしていない場合、go get コマンドで取得されたパッケージはリードオンリーで GOMODCACHE 環境変数で指定されたディレクトリに物理的に格納されれます。

GOMODCACHE 環境変数の中身は go env GOMODCACHE コマンドで確認できます。特に指定していない場合は GOROOT/pkg/mod ディレクトリを指しています。ファイルパーミッションを変更すれば無理やりデバッグコードを差し込むこともできますが、編集しないほうがよいです。

デバッグコードを差し込む方法は主に次の3つです。

- 「go mod vendor」コマンドを使う
- 「go.mod」ファイルに「replace」ディレクティブを記述する
- 「Workspace」モードを使う

「go mod vendor」コマンドを使う

直感的にすぐできるのが go mod vendor コマンドを使う方法です。Goは go.mod ファイルがあるディレクトリに vendor ディレクトリがあった場合そのディレクトリの中のコードを使って依存パッケージを解決します。 go mod vendor コマンドは vendor ディレクトリに依存するパッケージをダウンロードしてくれます。実行後は vendor ディレクトリの中にあるコードを修正することでデバッグコードを差し込むことができます。

すべての依存パッケージを再度取得するため時間はかかりますがわかりやすいです。

「go.mod」ファイルに「replace」ディレクティブを記述する

2番目の方法は replace ディレクティブを使うことです。 replace ディレクティブを使うと指定されたパッケージをローカルの別のディレクトリにあるコードとして扱えます。

リスト5.7のような go.mod ファイルを作成するにはリスト5.6のコマンドを実行します。この go.mod ファイルの状態ならばGoは example.com/othermodule パッケージをローカルディレクトリにある ../othermodule ディレクトリを使って依存性を解決することになります。

▼リスト5.6 「go.mod」ファイルの作成

```
$ go mod edit -replace example.com/othermodule=../othermodule
```

▼リスト5.7 「replace」コマンドが指定された「go.mod」ファイル

```
module exmaple.com/pkg

go 1.17

require example.com/othermodule v1.2.3

replace example.com/othermodule => ../othermodule
```

||| 「Workspace」モードを使う

　3番目の方法がGo 1.18で追加された「Workspace」モードを利用する方法です。「Workspace」モードを利用するとローカルマシン上で go.mod ファイルを修正せずにマルチモジュール環境の依存を解決できます。

　「Workspace」モードの詳細は公式サイトの「Tutorial: Getting started with multi-module workspaces」というチュートリアル[15]か、「フューチャー技術ブログ」（フューチャー株式会社）の「Go 1.18集中連載 Workspacesモードを試してみた」という記事[16]がおすすめです。

[15]:https://go.dev/doc/tutorial/workspaces
[16]:https://future-architect.github.io/articles/20220216a/

Go Modulesを実現するエコシステム

　Go Modulesが導入されたGoは `go get` コマンドを実行しても直接、GitHubなどを参照せず、まずプロキシサーバーでリソースの取得を試みます[17]。また、取得したパッケージのコードの真正性もチェックサムによって検証されます[18]。

　デフォルトでは次のようなリモートサーバーを利用してモジュールをダウンロード・検証しています。

- proxy.golang.org
- sum.golang.org
- index.golang.org

---

[17]:https://go.dev/ref/mod#module-proxy
[18]:https://go.dev/ref/mod#checksum-database

プライベートモジュールを使った開発について

　Go Modulesを使う際に注意する点はプライベートなリポジトリ(プライベートモジュール)に存在するパッケージ(プライベートパッケージ)に対する依存性を追加する場合です。組織の中の複数のチームや複数のプロダクトでGoの利用が進むと、コードを共通化するため汎用的な機能のパッケージを独立したプライベートリポジトリとして使う機会が発生します。

　しかし、デフォルトの設定のままGo Modulesを使うと51ページで述べた通り、インターネット上のGoogleが用意したサーバーを介してパッケージの取得を試みるため、プライベートパッケージの取得に失敗します。プライベートパッケージを利用するには **GOPRIVATE** 環境変数を設定します。

III 「GOPRIVATE」環境変数

　Go Modulesに関連した環境変数[19]はいくつかありますが、多くの場合[20]、**GOPRIVATE** 環境変数だけ設定すれば問題ありません[21]。

　GOPRIVATE 環境変数の説明は次の引用の通りです。

> GOPRIVATE is a default value for GONOPROXY and GONOSUMDB. See Privacy. GOPRIVATE also determines whether a module is considered private for GOVCS.

　GOPRIVATE 環境変数にはプロキシサーバーを介してほしくない、またチェックサムの比較も不要なパッケージのプレフィックスを設定します。 **github.com/my_company** というオーガナイゼーションにGo Modulesで参照したいパッケージがある場合でも **github.com/my_company** を指定するだけで問題ありません。

　また、複数のオーガナイゼーションやホスティングサービスのプライベートリポジトリが必要な場合はリスト5.8のようにカンマ区切りで指定します。

▼リスト5.8　複数指定した「GOPRIVATE」の設定例

```
GOPRIVATE="github.com/my_company,github.com/my_account/naisho"
```

　GOPRIVATE 環境変数の変更には **export** コマンドなどを利用したOSの機能を使った環境変数の設定や、**go env -w** コマンドを利用した設定ができます[22]。

---

[19]:https://go.dev/ref/mod#environment-variables
[20]:GitHubなどのサービス上でプライベートリポジトリを利用している場合
[21]:https://go.dev/ref/mod#private-module-proxy-direct
[22]:https://pkg.go.dev/cmd/go#hdr-Print_Go_environment_information

---

COLUMN　プライベートパッケージにはどのような機能を入れておくべきか

　疎結合に設計された組織構成やマイクロサービスでも共通のコードを利用する場面は存在します。たとえばログの構造などは組織内で共通化しておいたほうが効率的な分析や障害解析が行えます。また、認証認可のような機能は各チームで独自に実装するよりも担当チームが作成したコードを使ったほうが実装ミスによるインシデントの発生を防げます。特定のIDやデータ構造に依存していた場合オープンソースにするのは難しいため、プライベートリポジトリに用意された共通コードを各リポジトリから参照することになるでしょう。

　筆者が所属する組織ではアクセスログを解析するミドルウェアや、リトライ・タイムアウトや可観測性確保のための事前設定を行った *http.Client 型の値を生成する関数などをプライベートリポジトリとして用意しています。

SECTION-026

自作パッケージのバージョン管理

　自作パッケージを作成する場合は当然バージョン管理が必要です。バージョンを更新すると
きはセマンティックバージョニングの規則通りに更新しましょう。公式ドキュメントにもリリースワー
クフローを解説した文書が存在します[23]。Gitで管理している場合はタグを発行します。注意
点としてはプレフィックスに v をつけて v0.0.1 というフォーマットで定義する必要があります。
GitHubならばリリースして更新内容をわかりやすくしておくとよいです。 v2 以上にバージョン
をインクリメントするときは go.mod ファイルの module の値を変更する必要があります。具
体的な内容は52ページで説明したことと同様です。

▮▮▮ パッケージの自動リリース

　バージョンを指定せずに常に latest のコードを参照してパッケージを利用するのは避け
るべきです。アプリケーションのリポジトリから参照されるパッケージを用意するときは必ずバー
ジョニングをしましょう。GitHubの場合はリリースを作ることでバージョニングが行えます[24]。
GitHub上のパッケージのバージョニングの自動化については「GitHub Actionsとrelease-
it npmでリリース作業を自動化する」[25]というブログ記事を公開しているので参考にしてくだ
さい。プライベートリポジトリでも利用できます。

---

[23]:https://go.dev/doc/modules/release-workflow
[24]:https://docs.github.com/ja/repositories/releasing-projects-on-github/managing-releases-in-a-repository
[25]:https://devblog.thebase.in/entry/automatic-release-on-github-actions

CHAPTER 06

Goとオブジェクト指向プログラミング

ソフトウェア設計で多くの人がベースにするのがオブジェクト指向です。本章ではGoの言語仕様の中でオブジェクト指向のアプローチがどのように取り入れられているのか考えます。

SECTION-027
オブジェクト指向に準拠した
プログラミング言語であることの条件

　そもそもオブジェクト指向に準拠したプログラミング言語であることの条件とは何でしょうか。さまざまな主張はありますが、本書では次の3大要素を備えることが「オブジェクト指向に準拠したプログラミング言語であること」とします。

- カプセル化(Encapsulation)
- 多態性(ポリモフィズム)(Polymorphism)
- 継承(Inheritance)

　まず大前提としてGoはオブジェクト指向言語なのでしょうか。Go公式サイトには「**Frequently Asked Questions(FAQ)**」[1]という「よくある質問と答え」ページがあります。この中の「Is Go an object-oriented language?」(Goはオブジェクト指向言語ですか?)という質問に対する答えとして、次の公式見解が記載されています。

> Yes and no. Although Go has types and methods and allows an object-oriented style of programming, there is no type hierarchy. The concept of "interface" in Go provides a different approach that we believe is easy to use and in some ways more general. There are also ways to embed types in other types to provide something analogous—but not identical—to subclassing. Moreover, methods in Go are more general than in C++ or Java: they can be defined for any sort of data, even built-in types such as plain, "unboxed" integers. They are not restricted to structs (classes).
>
> Also, the lack of a type hierarchy makes "objects" in Go feel much more lightweight than in languages such as C++ or Java.

　あいまいな回答にはなっていますが、「Yesであり、Noでもある。」という回答です。Goはオブジェクト指向の3大要素を一部しか取り入れていないため、このような回答になっています。

---

[1]:https://go.dev/doc/faq#Is_Go_an_object-oriented_language

Goはサブクラス化(subclassing)に対応していない

多くの方がオブジェクト指向言語に期待する仕組みの1つとして、先ほど引用した回答内にもある**サブクラス化**(subclassing)が挙げられるでしょう。もっと平易な言葉で言い直すと、**クラス(型)の階層構造(親子関係)による継承**です。

代表的なオブジェクト指向言語であるJavaでサブクラス化の例を書いたコードがリスト6.1です。リスト6.1は、親となる Person クラス、子となる Japanese クラスの定義、Person オブジェクトを引数にとるメソッドを含んでいます。

▼リスト6.1 Javaで表現された「Person」クラスを継承する「Japanese」クラス

```java
class Person {
  String name;
  int age;
}

// Personクラスを継承したJapaneseクラス
class Japanese extends Person {
  int myNumber;
}

class Main {
  // Personクラスを引数にとるメソッド
  public static void hello(Person p) {
    System.out.println("Hello " + p.name);
  }
}
```

Javaでは Person クラスを継承した Japanese クラスのオブジェクトは、多態性によって Person 変数に代入できます。また、同様に Person クラスのオブジェクトを引数にとるメソッドに対して代入することもできます(リスト6.2)。

▼リスト6.3 Javaにおけるクラス継承を利用した多態性を用いた代入と呼び出し

```java
Japanese japanese = new Japanese();
japanese.name = "budougumi0617";
Person person = japanese;
Main.Hello(japanese);
```

このような多態性を目的とした継承関係を表現するとき、Goはリスト6.1のような具象クラス(あるいは抽象クラス)を親とするようなサブクラシングによる継承の仕組みを言語仕様としてサポートしていません。

埋め込みは継承か?

Goのコードで継承を表現するために**埋め込み**（Embedding[2]）を使うアプローチが紹介されていることがあります。埋め込みは別の構造体を構造体の中に埋め込む宣言方法です。埋め込みを利用すると構造体 **A** が埋め込まれた構造体 **B** は構造体 **A** のメソッドを構造体 **B** に宣言されたメソッドのように呼び出すことができます。しかし、このアプローチは継承を表現できません。

リスト6.3は埋め込みを利用したサンプルコードです。 **BullDog** 構造体と **ShibaInu** 構造体はそれぞれ **Dog** 構造体を埋め込んでいます。 **BullDog** 構造体は **Dog** 構造体（のポインタ）に宣言された **Bark** メソッドを **BullDog** 構造体（のポインタ）に宣言されたメソッドのように呼び出せます。 **ShibaInu** 構造体は **Dog** 構造体が埋め込まれていますが、独自に定義した **Bark** メソッドを使ったいわゆるオーバーライドをしています。メソッドを再利用できているので継承できているように見えます。

▼リスト6.3　埋め込みを利用した犬の実装

```
package main

import "fmt"

type Dog struct{}

func (d *Dog) Bark() string { return "Bow" }

// *DogのBarkメソッドを利用できる構造体
type BullDog struct{ Dog }

type ShibaInu struct{ Dog }

// *DogのBarkメソッドを上書きするメソッド
func (s *ShibaInu) Bark() string { return "ワン" }

func DogVoice(d *Dog) string { return d.Bark() }

func main() {
  bd := &BullDog{}
  fmt.Println(bd.Bark())
  si := &ShibaInu{}
  fmt.Println(si.Bark())

  // cannot use si (type *ShibaInu) as type *Dog in argument to DogVoice
  // fmt.Println(DogVoice(si))
}
```

[2]:https://go.dev/doc/effective_go.html#embedding

しかし **BullDog** オブジェクトや **ShibaInu** オブジェクトは **Dog** オブジェクトを引数とするメソッドの変数に代入できません。これは埋め込みが多態性や共変性・反変性[3]を満たさないためです。よって、埋め込みはオブジェクト指向で定義される継承ではなくコンポジションにすぎません。あるいは他言語でトレイトやミックスインと呼ばれる概念に近いです。

リスト6.4はリスト6.1をGoで書き直したものです。リスト6.4の例では、**Japanese** 型のオブジェクトは **Hello** 関数に利用することはできません。

▼リスト6.4　Goでリスト6.1のような親子関係を表現する場合

```
type Person struct {
  Name string
  Age  int
}

// Personを埋め込んだJapanese型
type Japanese struct {
  Person
  MyNumber int
}

func Hello(p Person) {
  fmt.Println("Hello " + p.Name)
}
```

以上の例以外にも、**リスコフの置換原則**などの一部のSOLIDの原則はそのままGoに適用することはできません。しかし、SOLIDの原則のベースとなる考えを取り入れることでよりシンプルで可用性の高いGoのコードを書くことはできます。

GoとSOLIDの原則については、Dave Cheney氏も2016年にGolangUKで「**SOLID Go Design**」[4]というタイトルで発表されています。

---

[3]:https://docs.microsoft.com/ja-jp/dotnet/csharp/programming-guide/concepts/covariance-contravariance/
[4]:https://dave.cheney.net/2016/08/20/solid-go-design

COLUMN	実装よりもコンポジションを選ぶ

　あるクラスが他の具象クラス(抽象クラス)を拡張した場合の継承を、Javaの世界では**実装継承**(implementation inheritance)と呼びます。あるクラスがインターフェースを実装した場合や、インターフェースが他のインターフェースを拡張した場合の継承を**インターフェース継承**(interface inheritance)と呼びます。

　Goがサポートしている継承はJavaの言い方を借りるならばインターフェース継承のみです。クラスの親子関係による実装継承はカプセル化を破壊する危険も大きく、深い継承構造はクラスの構成把握を困難にするという欠点もあります。

　このことは代表的なオブジェクト指向言語であるJavaの名著『Effective Java』[5]の「項目18 継承よりコンポジションを選ぶ」でも言及されています。Goが実装継承をサポートしなかった理由は「**Go at Google**」の「15. Composition not inheritance」[6]で簡単に言及されています。筆者は以上の危険性があるためサポートされていないと考えています。

---

[5]:ジョシュア・ブロック著、柴田芳樹訳『Effective Java 第3版』(丸善出版、2018)
[6]:https://talks.golang.org/2012/splash.article#TOC_15.

CHAPTER 07

インターフェース

Goは具象型にインターフェース名を記載しない暗黙
的インターフェース実装を採用しています。本章では設
計を柔軟にし、保守性を向上させるためにインターフェー
スをどのように使えばよいか考えます。

SECTION-030

利用者側で最小のインターフェースを
定義する

多くのオブジェクト指向言語では **class File implements Reader** のように実装側に明示的にインターフェースを指定して実装する必要があります。Goのインターフェースの言語仕様はリスト7.1のようにある構造体がどのようなインターフェースを満たしているかわかりません。一見すると不便に感じます。しかし暗黙的なインターフェース定義は疎結合で柔軟な設計を可能にします。

▼リスト7.1　どのようなインターフェースを満たしているのかわからない

```
// 特に記述はないがReadメソッドがある*Fileオブジェクトは
// io.Readerインターフェースを満たしている。
type File struct{}

func (f *File) Read(p []byte) (n int, err error){ return 0, nil }
```

Goのインターフェースの仕様を生かした設計を行えば、次のメリットを享受できます。

- 利用者側でインターフェースを定義する
- 最小のインターフェースを定義する

まず、Goでは実装側の構造体が標準パッケージやサードパーティが提供するライブラリの中で定義されていても利用者側で定義したインターフェースを介して利用できます。たとえ別のパッケージに実装があったとしても利用者側のパッケージにインターフェースを定義することでパッケージの独立性を確保し、完全に疎結合な関係を構築できます。また、利用者側で自由にインターフェースを定義するため、利用者側のコードで利用するメソッドだけを持つインターフェースを定義できます。つまり、利用者がある構造体に対して特定の責務のみ利用したい場合、リスト7.2のようにインターフェースを定義できます。

Receiver インターフェースは **Modem** 構造体の **Recv** メソッド以外の機能については一切関知しないインターフェースです。最低限のインターフェース定義を用いることで「クライアントに、クライアントが利用しないメソッドへの依存を強制してはならない」というSOLID原則の**インターフェース分離の原則**[1]に則った結合度が低い関係性を実装側と呼び出し元に持たせることができます。大きなインターフェース、複数のメソッドに依存していると他者の変更の影響を受ける可能性が高くなります。依存する対象が少なければ少ないほど、凝集度が高く疎結合な設計ができたといえるでしょう。

---

[1]:ロバート・C・マーチン著、瀬谷啓介訳『アジャイルソフトウェア開発の奥義 第2版 オブジェクト指向開発の神髄と匠の技』
　　（SBクリエイティブ、2008）の「12.3 インタフェース分離の原則」

▼リスト7.2 「Modem」型の「Recv」責務のみに注目したインターフェース定義

```
type Modem struct {}
func (Modem) Dial() {}
func (Modem) Hangup() {}
func (Modem) Sender() {}
func (Modem) Recv() {}

// Recvメソッドのみに注目したインターフェース定義
type Receiver interface {
  Recv()
}
```

07

イ
ン
タ
ー
フ
ェ
ー
ス

COLUMN 「-er」インターフェース

インターフェース定義に **Xxx** メソッドをただ1つだけ持つインターフェースは慣例として サフィックスの **er** をつけて **Xxxer** という名前にします。これは「Effective Go」でも推奨[2]されている命名規則でGoの中ではポピュラーなプラクティスです。 **er** をつけたときに英単語として存在しなくてもこの命名規則に従うことが多いです。 **Do** メソッドしか持たない **Doer** インターフェースなどはその一例です。

---

[2]:https://go.dev/doc/effective_go#interface-names

ライブラリとしてインターフェースを返す

　パッケージをライブラリとして他のパッケージに提供する場合は実装の詳細をパッケージ内に隠蔽するためにインターフェースを返す関数を作成する場合もあります。

▌インターフェースを返すときは「契約による設計」を意識する

　契約による設計（DBC、Design By Contract）はBertrand Meyer氏による『オブジェクト指向入門』[3]で提唱されたテクニックです。「契約による設計」はシステムのユーザーではなく[4]、その型や関数を利用するシステムの開発者に対して事前条件、事後条件、不変条件などを明示することです。契約は開発者に求める制約・条件なのでユーザー入力などの検証に使われる条件ではありません。そのため、実装で契約を表現する場合はコンパイルオプションなどでリリース物からは無効化します。

　C++などでは **assert** 関数を使って表現します。C#では「契約プログラミング」として事前条件、事後条件、およびオブジェクト不変条件をコードで指定できます[5]。

　Goの場合、**assert** 関数に相当する機能はないため、コードコメントによって表現することになります[6]。

▌Goの標準インターフェースから読み解く「契約による設計」

　たとえば、**io.Reader** インターフェース[7]に記載されているコメントを見てみましょう。次の引用は **io.Reader** インターフェースのコメントの一部です。

Reader is the interface that wraps the basic Read method.

Read reads up to len(p) bytes into p. It returns the number of bytes read (0 <= n <= len(p)) and any error encountered. Even if Read returns n < len(p), it may use all of p as scratch space during the call. If some data is available but not len(p) bytes, Read conventionally returns what is available instead of waiting for more.

---

[3]:Bertrand Meyer著、酒匂寛訳『オブジェクト指向入門 第2版 原則・コンセプト』（翔泳社、2007）
[4]:ライブラリに関していえば、ライブラリ利用者（開発者）に対して契約を求めることになります。
[5]:https://docs.microsoft.com/ja-jp/dotnet/framework/debug-trace-profile/code-contracts
[6]:アサートが存在しない理由はFAQで解説されています（https://go.dev/doc/faq#assertions）。
[7]:https://pkg.go.dev/io#Reader

　コメントにはインターフェースを実装する際に守るべき「振る舞い」や事後条件が記載されています。コメントに記載があることと違う動き・事後状態になるならば、実装が契約を守っていないこと（実装側の不備）になります。事前条件を満たさないままインターフェースを操作していたならば、利用者側の問題と判断できます。APIインターフェースのコメントには何を書くべきか、書くべきではないのかは書籍『A Philosophy of Software Design, 2nd Edition』[8]の「13.5 interface documentation」などが参考になります。

[8]：John Ousterhout著『A Philosophy of Software Design』(Yaknyam Press、2018)

インターフェースの注意点

ここではインターフェースを扱う際に注意すべき点を紹介します。

▋▋▋「nil」とインターフェース

Goのインターフェースを使うにあたって一番注意するポイントはインターフェースのデータ構造です。**Goのインターフェースは具象型の型情報と値の2つを要素とするデータ構造です。**

▼図7.1　インターフェースのデータ構造

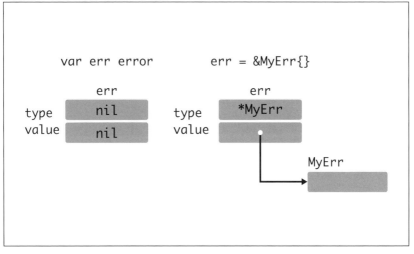

オブジェクトが代入されていなくても型情報が設定されているインターフェース値は **nil** ではありません。

リスト7.3の **Apply** 関数は常に **nil** が代入された **err** 変数を返す関数です[9]。しかし、**Apply** 関数の戻り値を **nil** と比較しても **false** が出力されます。これは戻り値が error インターフェースのため、実際の戻り値は「型が ***MyErr** 型で値が **nil** の error インターフェースを満たす値」が返されているためです。

Apply2 関数の戻り値は **nil** と比較すると **true** が出力されます。 **Apply2** 関数の **err** 変数の型情報が error インターフェースのため、戻り値は「型も値も **nil** の error インターフェースを満たす値」が戻り値のためです。

インターフェースが戻り値の関数やメソッドの場合、**nil** が代入されている具象型へのポインターを返しても呼び出し元での **nil** との比較は **false** になります。 **nil** を戻り値として返したい場合は**明示的にnilをreturn文で指定する**のがこのようなミスを誘発しないコツです。

[9]:https://go.dev/play/p/H9-w2Q5iYcC

▼リスト7.3　「fmt.Println」関数が「false」を出力する

```go
package main

import "fmt"

type MyErr struct{}

func (me *MyErr) Error() string { return "" }

func Apply() error {
  var err *MyErr = nil
  // 戻り値に型情報が含まれているので予想外の挙動をする
  return err
}

func Apply2() error {
  var err error = nil
  // 結果的には問題ないが、
  // 明示的にnilをreturnしてミスを防ぐほうがよい
  return err
}

func main() {
  fmt.Println(Apply() == nil)  // false
  fmt.Println(Apply2() == nil) // true
}
```

　より詳細な解説は書籍[10]やRuss Cox氏の「Go Data Structures: Interfaces」[11]を見るとよいでしょう。

▌インターフェースを作りすぎない

　IDEを使うことで特定のインターフェースを満たす実装を探すことはできますが、前述した通り、Goはある構造体がどのインターフェースを満たしているかを構造体定義のコードから確認することはできません。不要な抽象化を行うインターフェースの定義はコードの可読性を低下させます。

　『プログラミング言語Go』ではインターフェースを定義する際の助言として次のように説明しています[12]。

---

[10]:アラン・ドノバン、ブライアン・カーニハン著、柴田芳樹訳『プログラミング言語Go』(丸善出版、2016)の「7.5 インターフェース値」
[11]:https://research.swtch.com/interfaces
[12]:アラン・ドノバン、ブライアン・カーニハン著、柴田芳樹訳『プログラミング言語Go』(丸善出版、2016)の「7.15 ちょっとした助言」

インターフェースは、統一的に扱わなければならないふたつ以上の具象型が存在する場合にだけ必要です。

インターフェースが単一の具象型により満足されているけれど、依存性のためにその具象型がインターフェースと同じパッケージには存在できない場合にだけ、この規則に対する例外としています。この場合、インターフェースはふたつのパッケージを分離するための優れた方法です。

　パッケージ間の依存性を疎結合にする目的以外でインターフェースを定義する場合は、そもそもインターフェースを定義する必要があるのかという点から考えたほうがよいでしょう。

CHAPTER 08

エラーハンドリング
について

Goの大きな特徴として例外(Javaの「try-catch-finally」に相当する構文)がないことは有名です。例外を使わずにどのように異常状態を扱うのかを説明します。

SECTION-033

エラーについて

Goの言語仕様の中で賛否両論がある仕様の1つがエラーの処理方法です。Goのエラーの言語仕様[1]はリスト8.1の **error** インターフェースの定義（と1行の利用例）のみと非常にシンプルです。

▼リスト8.1　「error」インターフェースの定義

```
type error interface {
  Error() string
}
```

標準パッケージにある **error** インターフェースに関する関数も **errors** パッケージ[2]の4つ関数、**fmt** パッケージの **Errorf** 関数[3]の5つのみです。

▼リスト8.2　エラーに関する標準パッケージの関数

```
// errorsパッケージ
func As(err error, target interface{}) bool
func Is(err, target error) bool
func New(text string) error
func Unwrap(err error) error

// fmtパッケージ
func Errorf(format string, a ...interface{}) error
```

▌▌▌エラーはただの値である

Goのエラーに関する考え方で重要なのは「**エラーはただの値である**」ということです[4]。戻り値の順序が言語仕様で決まっているわけではありませんが、エラーを返す場合は関数やメソッドの最終戻り値として返すのが慣例です。

他の言語で採用されている例外機構と異なり、Goのエラーは **int** や **string** と同じように **return** を使って関数やメソッドの戻り値として呼び出し元に返されます。呼び出し元も他のインターフェースと同じように **nil** でなければその実体の値を処理します。呼び出し元でエラーハンドリングをするならばログ出力やエラーレポートを行い、さらに上位の呼び出し元の関数にエラーハンドリングを移譲する場合は **error** 型の値[5]を返します。当然、関数やメソッドの戻り値に **error** インターフェースが含まれます[6]。

error インターフェースも通常のインターフェースと扱いは変わらないので、**Error() string** メソッドを型に定義するだけで独自のエラー型として利用できます。

---

[1]:https://go.dev/ref/spec#Errors
[2]:https://pkg.go.dev/errors
[3]:https://pkg.go.dev/fmt#Errorf
[4]:https://go.dev/blog/errors-are-values
[5]:正確にいうと「「error」インターフェースを満たす型の値」ですが、文字数に対して情報量が少ないため本書では表記を「「error」型の値」に統一します。
[6]:https://go.dev/blog/error-handling-and-go

▓ エラーを作成する

標準パッケージを使ってエラーを作成するには2つの方法があります。`errors.New` 関数と `fmt.Errorf` 関数です。使い分けとしてはエラーメッセージに **%s** や **%d** といった**ヴァーブ(Verb)**[7]を使って動的な情報を埋め込むときは `fmt.Errorf` 関数を利用します。

▼リスト8.3 「errors.New」関数と「fmt.Errorf」関数

```go
func GetAuthor(id AuthorID) (*Author, error) {
  if !id.Valid() {
    return errors.New("GetAuthor: id is invalid")
    // エラー文にidの値を利用する場合はErrorf関数を利用する
    // return nil, fmt.Errorf("GetAuthor: id(%d) is invalid", id)
  }
  // do anything...
}

func GetAuthorName(b *Book) (string, error) {
  a, err := GetAuthor(b.AuthorID)
  if err != nil {
    return "", fmt.Errorf("GetAuthor: %v", err)
  }
  return a.Name(), nil
}
```

`fmt.Errorf` 関数を利用すれば別の **error** 型の値を使って新たな **error** 型の値も生成できます。

リスト8.3の **GetAuthorName** 関数では **GetAuthor** 関数が **error** 型の値を返した場合、その **error** 型の値をベースに新たな **error** 型の値を生成しています。スタックトレースを含まないGoではこのようにチェーンしてエラーが発生した一連の流れを表現します。

最後にエラーの内容をログや標準出力に出力するときはリスト8.4のようなエラー文字列が出力されます。

▼リスト8.4 チェーンされた最終的なエラーの出力

```
GetBookSummary: GetAuthorName: GetUser: id is invalid
```

COLUMN	関数ごとに「fmt.Errorf」関数呼ぶのは面倒なので スタックトレースがいい

このように、実行した関数からエラーを受け取るたびに新たにエラーを生成するのは
骨が折れるコーディングです。それならばスタックトレースを生成すればこのようなことをせ
ずに済むのでと考えるのもわかります。筆者も長らく `github.com/pkg/errors` パッ
ケージを使ってスタックトレースを出力していました。

ただ、スタックトレースはどうしても「ひとまず出しておく情報」という面が強いです。複数
のミドルウェアや無名関数を利用しながらスタックトレースを出力すると「本来、知りたかっ
た情報」と比較して非常に冗長な文字出力が生成されます。

そのため、エラーの原因を調査するときに実際に確認するスタックトレースはわずか数
行程度なこともあります。それならば、プログラマがエラー設計と向き合い簡潔なエラー
出力を明示的に埋め込んでいくほうが効率的なエラー分析ができるでしょう。また、次項
で説明するように `fmt.Errorf` 関数を使うとエラーに新たな型情報を付与したり内部
のエラーの型を隠蔽できるメリットもあります。

■ エラーをラップする

リスト8.3のサンプルコードでは `fmt.Errorf` 関数を用いることで新たなエラーを生成でき
ることを説明しました。

リスト8.4のような文字列はエラーがどのように伝搬されたかは人は読めますが、プログラム
が読める形式ではありません。

リスト8.5の `GetBook` メソッドは `*database/sql.DB.QueryContext` メソッドの戻り値
を使っていますが、戻り値のエラーを `fmt.Errorf` 関数で新たに作成しています。そのため、
このメソッドの戻り値は `database/sql` パッケージに定義されたエラーオブジェクトではありま
せん。その結果、たとえ `QueryContext` メソッドの戻り値のエラーが `sql.ErrNoRows` だっ
たとしても、`GetAuthorName` 関数内の実装で行われている `err == sql.ErrNoRows` と
いう条件が真になることはありません。

▼リスト8.5 「sql.ErrNoRows」と比較しても真になることはない

```
var db *sql.DB

func (r *Repo) GetBook(t BookTitle))(*Book, error) {
  rows, err := db.QueryContext(ctx,
    "SELECT id, tile, author_id FROM books WHERE title=?", title,
  )
  if err != nil {
    return nil, fmt.Errorf("GetBook: %v", err)
  }
  defer rows.Close()
  // ...
}
```

```
func GetAuthorName(t BookTitle) (string, error) {
  b, err := r.GetBook(t)
  if err != nil {
    if err == sql.ErrNoRows {
      return "", fmt.Errorf("GetAuthor: unknown book %v", err)
    }
    // ...
}
```

　エラーをラップして呼び出し元に返すことで情報を付与しつつエラー発生源のエラーオブジェクト情報を保持しておきたい、そんなニーズのため追加されたのがGo 1.13からのラップ形式です[8]。

　もとのエラーオブジェクトの情報を保持するにはエラーを埋め込むヴァーブで %w を利用します。リスト8.6のようにエラーをラップすると、もとのエラーのオブジェクトの情報を保持したまま新たなエラーを生成できます[9][10]。

　「エラーチェーンに特定のオブジェクトが含まれているか」を検証するために GetAuthor Name 関数で利用されているのが次項で説明する errors.Is 関数です。

▼リスト8.6　Go 1.13からのエラーラッピング

```
func (r *Repo) GetBook(t BookTitle))(*Book, error) {
  rows, err := db.QueryContext(ctx,
    "SELECT id, tile, author_id FROM books WHERE title=?", title,
  )
  if err != nil {
    return nil, fmt.Errorf("GetBook: %w", err)
  }
  defer rows.Close()
  // ...
}

func GetAuthorName(t BookTitle) (string, error) {
  b, err := r.GetBook(t)
  if err != nil {
    if errors.Is(err, sql.ErrNoRows) {
      return "", fmt.Errorf("GetAuthor: unknown book %v", err)
    }
    // ...
}
```

[8]:https://go.dev/doc/go1.13#error_wrapping
[9]:https://go.dev/blog/go1.13-errors
[10]:https://go.dev/wiki/ErrorValueFAQ

COLUMN	エラーを毎回正しくラップしているか？

実装をレビューするたびにエラーをラップしているか確認しないといけないのは大変労力になります。「 error 型の値をラップしないで return していないか」を検査する github.com/tomarrell/wrapcheck [11]という静的解析ツールも存在するので、CIを利用して自動化しておくと業務ロジックのレビューに集中できます[12]。

▌「errors.Is」関数を使ってエラーを識別する

Go 1.13以後のGoのエラーの仕組みで errors.Is 関数を使うとラップされていてもエラーチェーンの中に特定のエラーオブジェクトが含まれているか確認できます[13]。 errors.Is 関数の定義はリスト8.7で、利用方法はリスト8.6の通りです。

定義済みのエラーは標準パッケージにもいくつかあります。たとえば、database/sql パッケージには行が見つからなかったことを示す ErrNoRows やトランザクションが COMMIT もしくは ROLLBACK 済みなことを示す ErrTxDone が存在します[14]。

▼リスト8.7 「errors.Is」関数の定義

```
func Is(err, target error) bool
```

error インターフェースを満たす独自の構造体を定義していて次のような要求もある場合は独自の構造体に対して82ページで説明するいくつか追加の実装を行う必要があります。

- 独自のルールで「errors.Is」関数の引数である「err」と「target」がマッチするか検証したい
- 別のエラーを内包するような（エラーチェーンの途中に現れるような）独自構造体を定義したい

独自構造体を設計するメンバー以外は「エラーオブジェクトを比較するときは == ではなく errors.Is 関数を使う」ことだけを意識しておけばよいでしょう。

▌「errors.As」を使った独自情報の取得

通常Goでエラーを戻り値とする関数やメソッドを定義するときは error インターフェースのオブジェクトの戻り値として定義されます。これでは Error メソッドしか利用できません。もちろんエラーは値なので me, ok := err.(*MySError) のようにタイプアサーション[15]が書けます。しかし、単純なタイプアサーションではエラーが別のエラー構造体でラップされていたときに失敗します。

そこでGo 1.13以降はリスト8.8の errors.As 関数を利用します。

▼リスト8.8 errors.As関数の定義

```
func As(err error, target interface{}) bool
```

---

[11]:https://github.com/tomarrell/wrapcheck
[12]:「golangci-lint」経由で実行できます（https://golangci-lint.run/usage/linters/#wrapcheck）。
[13]:https://pkg.go.dev/errors#Is
[14]:https://pkg.go.dev/database/sql#pkg-variables
[15]:https://go.dev/ref/spec#Type_assertions

As 関数は err 引数のメソッドチェーンの中に target 引数で指定された型があれば true を戻します。 target 引数は error インターフェースを満たす変数へのポインタを指定します。 true だった場合、target にはエラーの値が含まれます。

リスト8.9は errors.As 関数を使ってエラーチェーンの中にあるエラーの詳細にアクセスする例です。GoでMySQLを使って永続化データを操作する場合は github.com/go-sql-driver/mysql パッケージ[16]を使います。

通常の errors インターフェース経由ではMySQL特有の情報は取得できません。しかし、github.com/go-sql-driver/mysql パッケージには、独自エラー構造体の MySQLError 構造体があります[17]。リスト8.9では、errors.As 関数を使って独自エラーを取得できたので、MySQLのエラーコードの情報[18]を使ってより表現豊かなエラーハンドリングを実装しています。

▼リスト8.9 「errors.As」関数を使ってRDBMSのエラー情報を得る

```
pacakge store

import (
  "context"
  "errors"

  "github.com/go-sql-driver/mysql"
)

// MySQLDuplicateEntryErrorCode は重複エントリがある場合のMySQLのエラーコード
// ref: https://dev.mysql.com/doc/mysql-errors/8.0/en/server-error-reference.html
const MySQLDuplicateEntryErrorCode uint16 = 1062

var ErrAlreadyExists = errors.New("duplicate entry")

func (repo *Repo) SaveBook(ctx context.Context, book *Book) error {
  r, err := repo.db.ExecContext(ctx, /* ... */)
  if err != nil {
    var mysqlErr *mysql.MySQLError
    if errors.As(err, &mysqlErr); mysqlErr.Number == MySQLDuplicateEntryErrorCode {
      return fmt.Errorf("store: cannot save book_id %d: %w", ErrAlreadyExists)
    }
    // *mysql.MySQLError以外のエラーだった場合の処理
  }
  // ...
}
```

[16]:https://pkg.go.dev/github.com/go-sql-driver/mysql
[17]:https://pkg.go.dev/github.com/go-sql-driver/mysql#MySQLError
[18]:https://dev.mysql.com/doc/mysql-errors/8.0/en/server-error-reference.html

独自エラーを宣言する

独自パッケージでも `errors.Is` 関数を使って特定のエラー状態を識別したい場合が発生します。その場合はリスト8.10のようにパッケージスコープの変数として `error` 型の値を定義します。 `errors.Is` 関数は通常、オブジェクトとして一致していれば型がユニークでなくても識別できます[19]。

スタックトレースを含んだエラーを生成する `github.com/pkg/errors` のようなパッケージをここで使うと意図しないスタックトレースが含まれてしまうので気をつけてください。

また、Goで独自エラーを定義するときは慣習として `Err-` というプレフィックスをつけるのが一般的です。

▼リスト8.10　独自エラー

```
pacakge book

import "errors"

var ErrNotExist = errors.New("book: not exist book")
```

独自のエラー構造体を定義する

独自エラーを宣言して識別するだけでなく、エラーオブジェクトのフィールドに詳細を格納したり、独自メソッドを用意したい場合、エラー用の独自の構造体を用意します。たとえば、リスト8.11のような独自のエラーコードを含むような構造体です。

▼リスト8.11　簡単な独自エラー構造体

```
type ErrCode int
type MyError struct {
  Code ErrCode
}

func (e *MyError) Error() string {
  return fmt.Sprintf("code: %d", e.Code)
}
```

もしエラーチェーンの詳細を保持しておく必要がある場合、`error` インターフェースを満たすための `Error` 関数の他にリスト8.12のエラーチェーンに関するのメソッドを実装しておきましょう。

▼リスト8.12　独自エラー構造体でエラーチェーンを保持する場合に必要なメソッド定義

```
func (e *MyError) Unwrap() error
func (e *MyError) As(target interface{}) bool
func (e *MyError) Is(target error) bool
```

注意する点としては**独自エラーを定義する場合でも関数やメソッドの戻り値はerrorインターフェースを使うこと**です。独自エラーの型情報まで必要かどうかは呼び出し元の都合です。また、慣習に従っておくことは読み手の認知負荷を下げます。

---

[19]:「error」インターフェースを満たす独自構造体を定義し、「Is(error) bool」メソッドを実装すれば、任意のルールで判定できます。

72ページで書いた nil 比較時の期待しない挙動を防ぐ意味でも error インターフェースを戻り値にしておく必要があります。

■■■ 「Unwrap」メソッドの使いすぎはパッケージや実装の密結合を生み出すので注意する

独自のエラー構造体に Unwrap() error メソッドを実装することでエラーの発生源を呼び出し元へ伝えられます。ただし、**すべてのエラーの発生元のオブジェクトを公開する必要はありません。エラーチェーンの提供は実装の詳細の公開につながります。**

考え方の一例としては、永続化データを操作するための store パッケージを作ったのならば、中で利用しているドライバーパッケージに定義されたエラー型はラップせずに使いデータ構造的に隠蔽します。こうすることで store パッケージの利用者に対してドライバーの実装やRDBMSに依存しない疎結合な実装を強制できます。

エラー原因がわからなくなるのは情報隠蔽というより情報欠落なので、自作パッケージにエラーコードを持つ独自エラー構造体やエラー原因別に独自のエラーを定義をしておくなど、原因を特定できる仕組みは考えておきましょう。

■■■ スタックトレースについて

他言語の例外という言語仕様にあってGoのエラーにない機能の1つにスタックトレースがあります[20]。Go 1.13がリリースされる前、スタックトレースをエラーの仕組みに取り入れる検討はされていましたが採用されませんでした。Go 2.xでスタックトレースを含めるかを検討するという方向で先送りされましたが、現在は進展していないように見えます[21]。

スタックトレースを含んだエラーを作成するOSSとしては github.com/pkg/errors [22]やGo 1.13リリース前に検討用に試験実装された golang.org/x/xerrors [23] が存在しています。 xerrors のほうは現在、更新されておらず、pkg/errors も2021年末にGitHub上でリポジトリがアーカイブされています[24]。

他の言語の多くでは例外に含まれるスタックトレースの情報をもとに障害解析します。スタックトレースなしにどのように呼び出し元などを解析していくかというとリスト8.13のようにエラーメッセージをラップしながら伝搬していくことになります。

▼リスト8.13 「error」型の値を返すときは付加情報をつけておく

```
func AddBook(ctx context.Context, b *Book) errror {
  if err := repo.SaveBook(ctx, b); err != nil {
    // 元のエラーの型情報を保持するならば%w, 不要ならば%v
    return fmt.Errorf("AddBook: %v", err)
  }
  return nil
}
```

---

[20]:エラーの仕組みに含まれていないだけで、Goでも「runtime」パッケージを使ってスタックトレースを取得することはできます(https://pkg.go.dev/runtime#Frame)。
[21]:https://github.com/golang/go/issues/29934
[22]:https://pkg.go.dev/github.com/pkg/errors
[23]:https://pkg.go.dev/golang.org/x/xerrors
[24]:メンテナンスの停止を意味します。

COLUMN 何度も「if err != nil { return err}」と書くのがいやだ

Goが敬遠される理由の1つがエラーハンドリングのたびに数行書く`if err != nil...`が面倒だ、という点です。解決策の1つはメイン処理を実行するメソッドとエラーを返すメソッドを持つ`bufio.Writer`のような構造体を設計しエラーハンドリングをする回数をそもそも減らすことです[25]。

別の解決策(軽減策)としてはIDEに用意された補完やスニペットを利用します。VS Codeの場合は`iferr`と入力後にスニペットを展開すると`if err != nil...`が出力されます[26]。GoLandの場合はハンドリングしたいエラーオブジェクトの変数名が`myErr`だったとすると、`myErr.nn`と書いて補完を実行すると`if err != nil...`が展開されます[27]。

これらを使うことでリズムよくエラーハンドリングを書けます。

「panic」について

想定される異常状態は`error`を使って表現すべきですが、プログラムやライブラリが対処できないような根本的な問題やロジック上のバグ[28]は`panic`を使って対応します。

`error`は呼び出し元の関数やメソッドへ順に伝わっていくのに対して、`panic`は大域脱出ができます。あるゴルーチン内で`panic`が実行された場合、`recover`でキャプチャ(キャッチ)する必要があります。 `recover`は`try-catch-finally`構文でいう`catch`に相当する操作です。原則、`defer`文と一緒に利用することになります。

リスト8.14はシンプルな`panic`と`recover`の使用例です。 `main`関数は`panic`によって強制的に処理が中断されるため、2つ目の`fmt.Println`関数の呼び出しは実行されません。

▼リスト8.14 「panic」を捕獲するシンプルな「recover」

```go
package main

import "fmt"

func main() {
  defer func() {
    if r := recover(); r != nil {
      fmt.Printf("補足したpanic: %v", r)
    }
  }()
  fmt.Println("出力される")
  panic("happening!")
  fmt.Println("出力されません")
}
```

---

[25]:https://jxck.hatenablog.com/entry/golang-error-handling-lesson-by-rob-pike
[26]:https://github.com/golang/vscode-go/blob/v0.30.0/snippets/go.json
[27]:https://www.jetbrains.com/help/go/settings-postfix-completion.html
[28]:存在すべきファイルや環境変数が存在しない、ストレージに空きがなく書き込めないなどです。

```
// Output:
// 出力される
// 補足したpanic: happening!
```

panic を使うときの注意点としては、recover は異なるゴルーチンで発生した panic をキャプチャすることができません。そのため、recover していないゴルーチンの中で panic が発生した場合、キャッチされない panic が伝搬しプログラムが異常終了します。新たなゴルーチンで起動する場合は処理の中で panic が発生しないか確認しておく必要があります。

「panic」をパッケージ外に漏らさない

ライブラリとしてパッケージを設計する場合は panic をパッケージ外に伝搬させないように設計すべきです[29]。

Goでコーディングしているときのマインドとして「とりあえず catch (Exception e) で囲っておこう」というような発想はしません。どうしてもパッケージの中で panic を利用する場合、**名前付き戻り値**[30]と組み合わせて error の戻り値にして外部に伝達する方法があります。

リスト8.15はWiki[31]に記載されているサンプルコードです。 defer 文と名前付き戻り値を利用すると defer で呼び出す関数の中で戻り値を強引に修正できます[32]。これにより発生した panic の情報を使って関数の戻り値として返す error インターフェースを満たすオブジェクトを生成することができます。

▼リスト8.15　名前付き戻り値と「recover」を組み合わせる

```
// Parse parses the space-separated words in input as integers.
func Parse(input string) (numbers []int, err error) {
  defer func() {
    if r := recover(); r != nil {
      var ok bool
      err, ok = r.(error)
      if !ok {
        err = fmt.Errorf("pkg: %v", r)
      }
    }
  }()

  fields := strings.Fields(input)
  numbers = fields2numbers(fields)
  return
}
```

[29]:https://go.dev/wiki/PanicAndRecover
[30]:https://go.dev/tour/basics/7
[31]:https://go.dev/wiki/PanicAndRecover#usage-in-a-package
[32]:名前付き戻り値は可読性が下がるため、「defer」文と組み合わせるときや「(int, int, error)」のような同じ型を複数返す戻り値のときなど以外では利用を避けるのがおすすめです。

Webアプリケーションでのpanicの使いどころ

panic を発生すべき状況はアプリケーションの仕様に依存します。たとえば、指定された
ファイル名のファイルが存在しなかったとします。「ユーザー入力で指定されたファイル名の
ファイルが存在しなかった」のような場合でそのファイルが存在しないことがユースケースとし
て容易に想定されるならば error を返すべきです。

一方で「指定されたファイル名のCSSファイルが存在しなかった」ならばWebアプリケーショ
ンとして異常な状態かつ自己回復できないので panic したほうがよいでしょう。

Webアプリケーションがリクエスト処理ロジックで「panic」するとどうなる?

HTTPリクエスト処理中に panic を使って処理を終了した場合、Goのアプリケーションが
異常終了することは通常ありません。一般的なGoのHTTPサーバーの実装はリクエストごとに
recover を含んだ状態でゴルーチンを起動する実装[33]をしているため、アプリケーション起
動時のメインゴルーチンで panic が発生しないかぎりアプリケーション自体は終了しません。

ただし、リクエストを送信したクライアント側にはサーバーのデフォルト実装が生成するレスポ
ンスが返ることになります。アプリケーションを実装する際は、あらかじめ仕様で決められた通り
の異常レスポンスを返す panic を recover するミドルウェアを実装、適用しておくのよいで
しょう。ミドルウェアについては108ページで解説します。

[33]:https://cs.opensource.google/go/go/+/refs/tags/go1.18.2:src/net/http/server.go;l=3368-3376

CHAPTER 09

無名関数・クロージャ

Goは関数をファーストクラスオブジェクトとして利用することができ、無名関数を使えばクロージャも利用できます。

Goではどのように関数を扱えるのか

Goの言語仕様において関数は**ファーストクラスオブジェクト**[1]です。つまり、関数は変数に代入したり、型として利用できます[2][3]。また、関数リテラルを使って無名関数を作ることもできます。

GoでWebサーバーを実装する際に使うHTTPハンドラーの型である `http.HandlerFunc` 型も、リスト9.1に示す通り `func(ResponseWriter, *Request)` というシグネチャの関数の型です[4]。

▼リスト9.1 「http.HandlerFunc」型

```
type HandlerFunc func(ResponseWriter, *Request)

func (f HandlerFunc) ServeHTTP(w ResponseWriter, r *Request)
```

Webアプリケーションと無名関数

Webアプリケーション開発の文脈で無名関数を利用することが多いのはミドルウェアパターンとHTTPクライアントの実装においてでしょう。ミドルウェアパターンについてはCHAPTER 12で紹介します。

無名関数を使って指定の関数型と同じシグネチャの関数を作る

フレームワークに用意された関数型とシグネチャが合わないときも無名関数を利用することでシグネチャを揃えることができます。Webアプリケーション開発の場合、`func(http.ResponseWriter, *http.Request)` という net/http パッケージの `http.HandlerFunc` 型に関数のシグネチャを合わせることで既存の多くのフレームワークで利用できます。

CHAPTER 12では無名関数を用いて `http.HandlerFunc` インターフェースを満たす方法を示します。

---

[1]:https://en.wikipedia.org/wiki/First-class_citizen
[2]:https://go.dev/ref/spec#Function_literals
[3]:https://go.dev/ref/spec#Function_types

[4]:https://pkg.go.dev/net/http#HandlerFunc

状態を持つ関数を作る

　無名関数は宣言されたスコープ内の変数にアクセスできます。

　リスト9.2は状態を持つ無名関数（クロージャ）を生成する store 関数のサンプルコードです[5]。 store 関数が返すクロージャは store 関数内の x 変数にアクセスします。 x 変数は store 関数が呼ばれるたびに異なる領域に確保されるため、s1 変数、s2 変数に代入されたクロージャは呼ばれるたびに独立して別々の x 変数が加算されます。これはGoの無名関数が無名関数自身の外に宣言された変数にもアクセスできるためです。クロージャ自体が s1 変数などに束縛されている限り x 変数はGC（Garbage Collection）されません。

　通常、われわれは関数に状態を持たせるときは構造体を用意してメソッドを作成します。構造体自体に意味がないならばこのようなクロージャを生成する関数を宣言することで冗長な構造体宣言をせずに済みます。

▼リスト9.1　無名関数は状態を持てる

```go
package main

import "fmt"

func store() func(int) int {
  var x int
  return func(n int) int {
    x += n
    return x
  }
}

func main() {
  s1 := store()
  s2 := store()
  fmt.Printf("s1: %d, s2: %d\n", s1(1), s2(2)) // s1: 1, s2: 2
  fmt.Printf("s1: %d, s2: %d\n", s1(1), s2(2)) // s1: 2, s2: 4
  fmt.Printf("s1: %d, s2: %d\n", s1(1), s2(2)) // s1: 3, s2: 6
}
```

SECTION-037

ゴルーチン利用時は無名関数から
外部の変数の参照を避ける

　無名関数を別ゴルーチンで実行する場合は、無名関数外のミュータブルな変数を参照するのを避けたほうがよいです。別ゴルーチンはどのタイミングで開始されるかわかりません。そのため、変数が期待しない値になっている可能性があります。無名関数の引数として変数の値を受け取るか、新たに変数を宣言して特定のタイミングの値を束縛しておくほうがよいです。

　リスト9.3[6]は for ループでループの回数だけ無名関数を別ゴルーチンで実行するサンプルコードです。3回ループを宣言していますがそれぞれ次のような実装意図があります。

- 無名関数から直接ループ変数「i」を参照するループ
- 無名関数の引数としてループ変数「j」を受け取るループ
- ループ実行のたびにループ変数「k」の値を束縛する新たな変数「k」を作るループ

　この中で変数 i を使ったループは意図通りの動きをしません。別ゴルーチンで起動する無名関数が変数 i を参照するタイミングでは変数 i はすでにループを抜けた後の状態の 5 になっているからです[7]。変数 j のループはゴルーチンを起動するタイミングで無名関数の引数として値を渡しているので期待通りの挙動をします。変数 k を使ったループではループのたびに新しい変数 k にループ変数 k を束縛しているのでこちらも期待通りの挙動をします[8]。

　また、別関数として定義すればループ内部のロジックのみを対象としたテストを作成できます。無名関数を使わず別関数を作る選択肢も検討したほうがよいです。

▼リスト9.3　ゴルーチンと変数参照

```
package main

import (
  "fmt"
  "sync"
)

func main() {
  var wg sync.WaitGroup
  for i := 0; i < 5; i++ {
    wg.Add(1)
    go func() {
      // たいてい"i: 5"が5回出力される
      fmt.Printf("i: %d\n", i)
      wg.Done()
    }()
  }
```

▼

---

[6]:https://go.dev/play/p/187wEPglMfj
[7]:アラン・ドノバン、ブライアン・カーニハン著、柴田芳樹訳『プログラミング言語Go』(丸善出版、2016)の「5.6.1 警告: ループ変数の補足」
[8]:あるローカル宣言が別のローカル宣言を隠蔽できます(アラン・ドノバン、ブライアン・カーニハン著、柴田芳樹訳『プログラミング言語Go』(丸善出版、2016)の「2.7 スコープ」)。

```
    wg.Wait()
    for j := 0; j < 5; j++ {
        wg.Add(1)
        go func(j int) {
            // 0から4が出力される
            fmt.Printf("j: %d\n", j)
            wg.Done()
        }(j)
    }
    wg.Wait()
    for k := 0; k < 5; k++ {
        k := k
        wg.Add(1)
        go func() {
            // 0から4が出力される
            fmt.Printf("k: %d\n", k)
            wg.Done()
        }()
    }
    wg.Wait()
}
```

CHAPTER 10

環境変数の扱い方

　環境変数を読み込む操作はシステムコールを呼ぶ操作なので実行にコストがかかります。また、クラウドネイティブなアプリケーションにおいて環境変数を変えるときはデプロイを行ってインスタンスごと入れ替えるアプローチを取るので、通常、アプリケーションが起動後に環境変数が変わることはないでしょう。

　パフォーマンスへの影響を避けるため、環境変数を読み込むのはアプリケーション起動時の処理で行い、HTTPリクエストを受け付けるたびに環境変数を読み込むような実装をするのは避けましょう。

Goで環境変数をどうやって扱うか

　Goのプログラムにおいて環境変数を扱うにはどうしたらよいでしょうか。Goでは標準ライブラリの os パッケージの os.Getenv 関数[1]と os.LookupEnv 関数[2]を使うことで特定の環境変数の値を取得できます。

▼リスト10.1　「os.Getenv」関数と「os.LookupEnv」関数の宣言

```
func Getenv(key string) string
func LookupEnv(key string) (string, bool)
```

▐▐▐ 「os.Getenv」関数

　os.Getenv 関数は名前の通り key で指定された環境変数名の値を取得します。指定された環境変数が設定されていない場合、空文字列が返されます。そのため、空文字列が設定されている環境変数とは区別が付きません。

▐▐▐ 「os.LookupEnv」関数

　os.Getenv 関数で判断できなかった「**環境変数が定義されているか?**」を判断できるのが os.LookupEnv 関数です。リスト10.1に記載した通り、os.LookupEnv 関数は第2戻り値に bool を返します。この bool によって環境変数の定義の有無がわかります。

　環境変数で DEBUG フラグなどを定義する場合は os.Getenv 関数ではなく、os.LookupEnv 関数を利用する必要があるでしょう。

▐▐▐ サードパーティのライブラリについて

　Webアプリケーションを開発する場合、データベースへの接続情報、SaaSと接続するための秘匿情報など、複数の環境変数情報が必要になります。

　os パッケージのみを使って環境変数を扱おうとすると環境変数が増えるたびに os.Getenv 関数を呼び出して変数に値を設定する必要があります。また、os パッケージで取得した環境変数の値は string 型なので何らかのスライスや数字型として環境変数を扱いたい場合はそれぞれのパース処理を書く必要も出てくるでしょう。

　これらを簡略化するサードパーティのライブラリを使うことも選択肢に入れましょう。github.com/caarlos0/env パッケージは環境変数を扱うためのサードパーティライブラリです。標準パッケージと比較して次のような優位な点があります。

- 「Parse」関数を一度呼ぶだけで複数の環境変数を読み込むことができる
- 構造体への「tags」で環境変数とフィールドを紐付けられる
- 「string」型以外の読み込みができる
- デフォルト値の設定をすることができる
- 環境変数未設定の場合は「error」を返すことを指定できる

---

[1]:https://pkg.go.dev/os#Getenv
[2]:https://pkg.go.dev/os#LookupEnv

　筆者はCLIツールを作成するときは標準パッケージで済ませることが多いですが、Webアプリケーションを作成するときはサードパッケージのライブラリを使うことが多いです。

　github.com/caarlos0/env パッケージを使ったサンプルコードはリスト10.2の通りです。

▼リスト10.2　「github.com/caarlos0/env/v6」パッケージを使った環境変数の読み込み

```go
package config

import (
    "github.com/caarlos0/env/v6"
)

type Config struct {
    Env  string `env:"TODO_ENV" envDefault:"dev"`
    Port int    `env:"PORT" envDefault:"80"`
}

func New() (*Config, error) {
    cfg := &Config{}
    if err := env.Parse(cfg); err != nil {
        return nil, err
    }
    return cfg, nil
}
```

　コードの説明はCHAPTER 13からのハンズオンのWebアプリケーションで実際に利用する際に改めて行います。

環境変数にまつわるテスト

Go 1.17より **t.Setenv** メソッドが追加されました[3]。このメソッドを利用すると、メソッドを呼び出したテストケースが実行されている間だけ環境変数が設定された状態になります。また、テストケースの実行後は環境変数がテストケース実行前の状態に戻ります。当然、テストケース実行前に別の値が設定されていた場合はその値に戻ります。

ただし、**t.Setenv** メソッドは **t.Parallel** メソッドと併用はできません。他のテストケースへの副作用が避けられないためです。そのため、環境変数を操作するパッケージのテストは1つのテストケースにまとめておくとよいでしょう。

▼リスト10.3 「t.Setenv」メソッドを使った環境変数のテスト

```
package config

import (
  "fmt"
  "testing"
)

func TestNew(t *testing.T) {
  wantPort := 3333
  t.Setenv("PORT", fmt.Sprint(wantPort))

  got, err := New()
  if err != nil {
    t.Fatalf("cannot create config: %v", err)
  }
  if got.Port != wantPort {
    t.Errorf("want %d, but %d", wantPort, got.Port)
  }
  wantEnv := "dev"
  if got.Env != wantEnv {
    t.Errorf("want %s, but %s", wantEnv, got.Env)
  }
}
```

[3]:https://pkg.go.dev/testing#T.Setenv

CHAPTER 11

GoとDI
（依存性の注入）

　本章ではGoにおける依存性の注入（DI）について解説します。

依存関係逆転の原則(DIP)とは

　問題を小さく分割し、個別に考え解決することはソフトウェアエンジニアリングにおける基本的な考え方の1つです。ここで重要なのは分割した問題同士を疎結合にすることです。それぞれの問題の依存関係を取り除ければ、分割した小さな問題を個別に考えたり各人が分担して並行に問題を解決できます。そして上位概念の問題が下位概念の問題から独立して解決するための方法として、オブジェクト指向設計の原則である**SOLIDの原則**の1つに**依存関係逆転の原則**(Dependency inversion principle、**DIP**)があります。『アジャイルソフトウェア開発の奥義 第2版』[1]よるとDIPの定義は次の通りです。

> 上位のモジュールは下位のモジュールに依存してはならない。どちらのモジュールも「抽象」に依存すべきである。「抽象」は実装の詳細に依存してはならない。実装の詳細が「抽象」に依存すべきである。

　拡張性や保守性が高いソフトウェアを実現するための鍵は構造化と適切な境界定義です。対象を型あるいはパッケージとして構造化し、それぞれの境界を疎結合にすることで柔軟な設計を実現できます。依存関係逆転の原則を用いることで型同士、またはパッケージ同士を疎結合にできます。

　Goは具象型に宣言で実装するインターフェースを明示的に記述しない暗黙的インターフェース実装のみをサポートしています。そのため、実装の詳細を利用する利用者側がインターフェースを定義します。逆にいうと、実装の詳細側はインターフェース定義を参照する必要がない(自身がどのように抽象化されているか利用されているか知らない)状態です。しかし、Goの中にも特定のインターフェースを経由して利用されることを想定した実装(抽象に依存した実装)も存在します。たとえば、次節に挙げる **database/sql/driver** パッケージのインターフェースと各データベースドライバパッケージの実装です。

[1]:ロバート・C・マーチン著、瀬谷啓介訳『アジャイルソフトウェア開発の奥義 第2版 オブジェクト指向開発の神髄と匠の技』(SBクリエイティブ、2008)

「database/sql/driver」パッケージとDIP

Goの標準パッケージでは、**database/sql/driver** パッケージがDIPを利用した典型的な設計です。通常、GoからMySQLなどのRDBMSを操作する際は **database/sql** パッケージを介した操作をします。この **database/sql** パッケージに各ベンダー、OSSの個別仕様に対応する具体的な実装は含まれていません。

では、どのようにMySQLやPostgreSQLを操作するかというとリスト11.1のように各RDBMSに対応したドライバパッケージをブランクインポートします。ブランクインポートすることで、**github.com/go-sql-driver/mysql** パッケージの初期化が行われて、SQLドライバが登録されます。

github.com/go-sql-driver/mysql のようなドライバパッケージは **database/sql/driver.Driver** インターフェースなどを実装しています。

▼リスト11.1　GoでMySQLを操作する際の「import」文

```
import (
  "database/sql"
  _ "github.com/go-sql-driver/mysql"
)
```

これはRDBMSごとの**実装の詳細**が上位概念から提供されている**インターフェースに依存**している状態です。（ほぼありえないでしょうが、）もし database/sql/driver パッケージのインターフェースが変更された場合、すべてのドライバパッケージがインターフェースの変更への追従を迫られるでしょう。

この他にもWebアプリケーションの各ミドルウェアは **net/http** パッケージの **http/HandlerFunc** 型[2]に合わせた実装になっています。これもDIPに沿った設計方針といえます。

このような下位の実装の詳細が上位概念（ **database/sql/driver** パッケージ）の抽象へ依存している関係を**依存関係逆転の原則**と呼びます。

[2]:https://pkg.go.dev/net/http/#HandlerFunc

DIPに準拠した実装

　GoでDIPに準拠した実装する場合、依存性の注入（Dependency Injection、DI）パターン[3]が利用されます。注入方法にはいくつか種類があります。

▐▐▐ 依存性の注入（Dependency Injection）

　依存性の注入(DI)はDIPを実施するためのオーソドックスな手段です。JavaやC#などにはクラスのフィールド定義にアノテーションをつけるだけでオブジェクト（下位モジュールの詳細）をセット（注入）してくれるような、フレームワークが提供するデファクトな仕組みが存在します。

　Goの場合はインターフェースで抽象を定義し、初期化時などに具体的な実装の詳細オブジェクトを設定することが大半です。代表的なDIの実装としては、次のような実装パターンがあります。

- オブジェクト初期化時にDIする方法
- 「setter」を用意しておいて、DIする方法
- メソッド（関数）呼び出し時にDIする方法

　リスト11.2は他の言語ではコンストラクタインジェクションと呼ばれる手法です。上位階層のオブジェクトを初期化する際にDIを実行します。こちらだけ覚えておくだけでも十分に役立つでしょう。

▼リスト11.2　オブジェクト初期化時にDIする方法

```go
// 実装の詳細
type ServiceImpl struct{}

func (s *ServiceImpl) Apply(id int) error { return nil }

// 上位階層が定義する抽象
type OrderService interface {
  Apply(int) error
}

// 上位階層の利用者側の型
type Application struct {
  os OrderService
}

// 他言語のコンストラクタインジェクションに相当する実装
func NewApplication(os OrderService) *Application {
  return &Application{os: os}
}
```

▼

[3]:https://en.wikipedia.org/wiki/Dependency_injection

```go
func (app *Application) Apply(id int) error {
  return app.os.Apply(id)
}

func main() {
  app := NewApplication(&ServiceImpl{})
  app.Apply(19)
}
```

　リスト11.3は **setter** メソッドを用意しておくことで、初期化と実処理の間に依存性を注入する方法です。

▼リスト11.3　「setter」を用意しておいてDIする方法

```go
func (app *Application) Apply(id int) error {
  return app.os.Apply(id)
}


func (app *Application) SetService(os OrderService) {
  app.os = os
}

func main() {
  app := &Application{}
  app.Set(&ServiceImpl{})
  app.Apply(19)
}
```

　リスト11.4はメソッド(関数)の引数として依存を渡す方法です。上位階層のオブジェクトのライフサイクルと、実装の詳細のオブジェクトの生成タイミングが異なるときはこの手法を取ります。

▼リスト11.4　メソッド(関数)呼び出し時にDIする方法

```go
func (app *Application) Apply(os OrderService, id int) error {
  return os.Apply(id)
}

func main() {
  app := &Application{}
  app.Apply(&ServiceImpl{}, 19)
}
```

　以上のようなDIは他の言語でもみられる共通手法のような実装です。この他にもGoでは次項以降のような実装でDIPを満たすこともできます。

11
GoとDI(依存性の注入)

埋め込み型を利用したDIP

Goは構造体の中に別の構造体やインターフェースを埋め込むことができます。インターフェースを埋め込むことで、抽象に依存した型を定義できます。インターフェースのメソッドが呼び出されるまでに何らかの方法で実装への依存を注入することで、実装の詳細が呼ばれます。テストコードで実装をモックに切り替えたい構造体で利用されることが多いです。

▼リスト11.5　埋め込みを利用したDIする方法

```go
type OrderService interface {
  Apply(int) error
}


type ServiceImpl struct{}

func (s *ServiceImpl) Apply(id int) error { return nil }

type Application struct {
  OrderService // 埋め込みインターフェース
}

func (app *Application) Run(id int) error {
  return app.Apply(id)
}

func main() {
  // 初期化時の宣言はオブジェクト初期化時にDIする方法と変わらない。
  app := &Application{OrderService: &ServiceImpl{}}
  app.Run(19)
}
```

インターフェースを利用しないDIP

DIPではクラスの親子関係やインターフェースの継承関係を利用することが多いです。しかし、構造体を定義せずに関数型を用意するだけでも実現できます。

リスト11.6は **Application** 構造体に **func(int) error** 型の **Apply** フィールドを定義しています。**Apply** フィールドは実装に依存しない抽象です。**Apply** フィールドに実行時に関数の実装を注入することでDIPを実現しています。

▼リスト11.6　関数型を利用したDI

```go
func CutomApply(id int) error { return nil }

type Application struct {
  Apply func(int) error
}

func (app *Application) Run(id int) error {
  return app.Apply(id)
```

▼

左側縦書き：

11

GoとDI（依存性の注入）

```
}

func main() {
  app := &Application{Apply: CutomApply}
  app.Run(19)
}
```

OSSのツールやフレームワークを使ったDIP

　Goは**シンプル**であることが言語思想[4]にあるため、(ソースコードに書いてある以上の挙動を裏で実行するような)高度なDIツールはあまり使われていない印象です。DI用のコードを自動生成する **google/wire** フレームワーク[5]も存在しますが、これもコンストラクタインジェクション用のコードを自動生成するだけです。

▶ 依存関係逆転の原則とGo

　DIPを使うことでパッケージ間、構造体間の結合度を下げることができます。ただし、早すぎたり過剰な抽象化はソースコードの可読性を下げたり、手戻りが発生しやすくなります。

　他言語でDIツールが重宝されるのは次の理由もあります。

- DLLファイルやJarファイルから実行時に動的にクラスをロードできる
- フレームワークやUIに依存した実装を避けたい

[4]:https://employment.en-japan.com/engineerhub/entry/2018/06/19/110000
[5]:https://github.com/google/wire

過剰な抽象化（インターフェースの乱用）に気をつける

データベースに依存させたくないなどの理由がある場合など、DIの利用は適切に用法用量を守って使いましょう。

特に、インターフェースを使った過剰な抽象化には注意が必要です。Goは暗黙的インターフェース実装を採用しています。コードでいうとJavaやPHPに存在する `implements` を使って具象型にインターフェース名を記載するようなことはできません。そのため、次の情報を得るにはIDEなどの助けが必要になります。

- ある構造体がどのインターフェースを継承しているのか
- あるインターフェースを継承している構造体はどれだけ存在しているのか

現実的な解法の1つとして、ある構造体（実装の詳細）が特定のインターフェースを実装しているかコンパイラにチェックさせる方法があります[6]。リスト11.7は `Knight` 型が `Jedi` インターフェースを満たしているか、コンパイル時に検証させる方法です。

このようなプラクティスはあるものの、過剰な抽象化をしないように気を付けましょう。

▼リスト11.7　[コンパイラを使った実装チェック

```go
type Jedi interface {
    HasForce() bool
}


type Knight struct {}

// このままではコンパイルエラーになるので、実装が不十分なことがわかる。
var _ Jedi = (*Knight)(nil)
```

[6]:https://go.dev/doc/effective_go.html#blank_implements

CHAPTER 12
ミドルウェアパターン

　複数のエンドポイントを作成していると、多数のエンドポイントで同じ処理を行いたいことがあります。また、オブザーバビリティ（Observability：可観測性）ツールの対応やアクセスログの出力など、透過的に付与したい処理もあります。

　このような共通処理を書くパターンとしてミドルウェアパターンがあります。GoのHTTPサーバーでもミドルウェアパターンが広く利用されています。

ミドルウェアの作り方

　Goでアプリケーションやライブラリを設計・実装する際は標準パッケージのシグネチャやインターフェースに合わせて実装することが多いです。ミドルウェアパターンを実装する際も同様です。

　Goにおけるミドルウェアパターンではリスト12.1のシグネチャを満たすように実装するのがデファクトスタンダードです。

▼リスト12.1　Goにおける一般的なミドルウェアパターン

```
import "net/http"

func(h http.Handler) http.Handler
```

　このシグネチャは次のような点で再利用性が高いです。

- 「http.Handler」インターフェースを満たすよう実装されたHTTPサーバーのハンドラー実装に適用できる。
- 同じパターンで実装されたミドルウェア実装を入れ子にして呼ぶことで、複数のミドルウェアを適用できる。

　実装するときはリスト12.2のような関数を返す関数を作ります。この例のミドルウェアでは引数として受け取ったHTTPハンドラー **h** を呼び出す前後で時刻情報を取得し実行時間を出力します。

　このように、ミドルウェアパターンではHTTPハンドラーの前後に別の処理を追加できます。また、処理前のHTTPリクエストのヘッダーに追加情報の付与もできます。

▼リスト12.2　ミドルウェアパターンの実装

```
import (
  "log"
  "net/http"
  "time"
)

func MyMiddleware(h http.Handler) http.Handler {
  return http.HandlerFunc(func(w http.ResponseWriter, r *http.Request) {
    s := time.Now()
    h.ServeHTTP(w, r)
    d := time.Now().Sub(s).Milliseconds()
    log.Printf("end %s(%d ms)\n", t.Format(time.RFC3339), d)
  })
}
```

▌▌▌追加情報を利用したミドルウェアパターンの実装

「XXX型の値やアプリケーション起動時に生成した値を利用したミドルウェアを実装したいが、ミドルウェアパターンのシグネチャを守っていると引数にXXX型の値を渡せない」というときもあります。そのような場合はミドルウェアパターンを返す関数を実装します。

具体的なコードを見たほうがわかりやすいでしょう。たとえばアプリケーションのバージョンをHTTPヘッダーに埋め込むミドルウェアはリスト12.3のように定義します。

▼リスト12.3　ミドルウェアパターンを返す

```
import "net/http"

// VersionAdder関数は次のように利用できるミドルウェア関数を返す
// vmw := VersionAdder("1.0.1")
// http.Handle("/users", vmw(userHandler))
func VersionAdder(v AppVersion) func(http.Handler) http.Handler {
  return func(next http.Handler) http.Handler {
    return http.HandlerFunc(func(w http.ResponseWriter, r *http.Request) {
      r.Header.Add("App-Version", v)
      next.ServeHTTP(w, r)
    })
  }
}
```

リカバリーミドルウェア

　テストをいくら書いていても配列操作などで panic を発生させてしまう可能性をゼロにはできません。リクエスト処理中に発生した panic を処理する実装はすべてのハンドラーに必要になるため、ミドルウェアパターンで実装することが多いです。GoのWebサーバーの実装はたいてい各リクエストごとに独立したゴルーチンでリクエストを処理しており、panic が発生してもリクエストごとにリカバーされます。そのため、あるゴルーチンで発生した panic によってサーバーが異常終了するようなことはありません。しかし、異常時のエラーレスポンスのレスポンス構造もアプリケーションや組織ごとに仕様があります。

　リスト12.4はJSONレスポンスボディに panic の情報を含めてレスポンスを返すリカバリーミドルウェアの実装例です。defer 文で panic が発生したときは recover 関数によってその内容をJSONに含めてレスポンスする処理を宣言しています。defer 文を宣言した後に渡された next 型の値の ServeHTTP メソッドを呼び出しているため、リクエスト処理中に panic が発生した場合はこのミドルウェアによってエラーレスポンスが返されます。

▼リスト12.4　リカバリーミドルウェアの実装例

```
import (
  "encoding/json"
  "fmt"
  "net/http"
)

func RecoveryMiddleware(next http.Handler) http.Handler {
  return http.HandlerFunc(func(w http.ResponseWriter, r *http.Request) {
    defer func() {
      if r := recover(); err != nil {
        jsonBody, _ := json.Marshal(map[string]string{
          "error": fmt.Sprintf("%v", err),
        })

        w.Header().Set("Content-Type", "application/json")
        w.WriteHeader(http.StatusInternalServerError)
        w.Write(jsonBody)
      }
    }()
    next.ServeHTTP(w, r)
  })
}
```

SECTION-046

アクセスログミドルウェア

New Relic[1]やDatadog[2]といったSaaSを利用している場合は不要ですが、自作ミドルウェアを作成しログにリクエストを処理した概要を記録することも可能です。

たとえば次のようなデータをログに出すこともできます。

- リクエスト処理開始時刻
- 処理時間
- レスポンスのステータスコード
- HTTPメソッドやパス
- クエリパラメータやヘッダー情報

リクエストボディやレスポンスボディまでログに残す場合は少し工夫が必要になります。

12

ミドルウェアパターン

[1]:https://newrelic.com
[2]:https://www.datadoghq.com

109

リクエストボディをログに残すミドルウェア

　GoにおいてHTTPリクエスト ***http.Request** のリクエストボディはストリームのデータ構造です。つまりリクエストボディは一度しか読み取れません。そのため、ミドルウェアの実装中にリクエストボディを読み取ると後続のミドルウェアやHTTPハンドラーの処理中でリクエストを読み取れなくなります。

　もし、リクエストボディの中身を利用したミドルウェアを作る場合は事前に別のバッファにリクエストボディをコピーするなどのひと手間が必要になります。

　リスト12.5はリクエストボディをログに残すミドルウェアの実装です。リクエストボディを取得した後は後続のハンドラーで再度リクエストボディを読んでも差し支えのないように ***http. Request.Body** を再設定しています。 **io.NopCloser** 関数は **Close** メソッドの実装を満たす必要があるときに便利な関数です。 ***bytes.Buffer** 型の値には **Close** メソッドがありませんが、**io.NopCloser** 関数でラップすることで **Close** メソッドを付与できます。

▼リスト12.5　リクエストボディを取得するミドルウェアの実装例

```
import (
  "bytes"
  "io"
  "log"
  "net/http"

  "go.uber.org/zap"
)

func RequestBodyLogMiddleware(next http.Handler) http.Handler {
  return http.HandlerFunc(func(w http.ResponseWriter, r *http.Request) {
    body, err := io.ReadAll(r.Body)
    if err != nil {
      log.Printf("Failed to log request body", zap.Error(err))
      http.Error(w, "Failed to get request body", http.StatusBadRequest)
      return
    }
    defer r.Body.Close()
    r.Body = io.NopCloser(bytes.NewBuffer(body))
    next.ServeHTTP(w, r)
  })
}
```

　このような実装をするときはパフォーマンスに影響がある点も注意しましょう。エンドポイントの処理開始前にリクエストボディをすべて別バッファにコピーするということは、本来はストリームで処理できる可能性がある場合でもミドルウェアの処理部分でリクエストを受信し終わる必要が出てきます。また、ミドルウェアの実装は適用したエンドポイントが実行されるたびに必ず実行されます。

　リクエストボディを毎回コピーするようなミドルウェアを利用する場合はミドルウェアの適用前後でパフォーマンスに影響がないかメトリクスを確認しましょう。単純計算で通常の倍のメモリが必要になるので、たとえば画像などのBLOBを含んだリクエストを受け付ける可能性があるならば注意が必要です。

SECTION-048

ステータスコードやレスポンスボディを取得するミドルウェア

　`http.Handler` 型のシグネチャでレスポンスを表す `http.ResponseWriter` インターフェースは読み取りに関するメソッドを持っていません。そのため、このまま利用するとレスポンスボディやステータスコードが利用できません。これらの情報にアクセスしログへ出力するにはラッパー構造体を用意します。

　リスト12.6はレスポンス内容をフックする関数です。後続のミドルウェア、HTTPハンドラーに渡す `http.ResponseWriter` 型の値をラップしておくことで、レスポンス結果をアクセスログミドルウェアでも確認できるようにします。

▼リスト12.6　ログミドルウェアの実装例

```
type rwWrapper struct {
  rw http.ResponseWriter
  mw io.Writer
  status int
}

func NewRwWrapper(rw http.ResponseWriter, buf io.Writer) *rwWrapper {
  return &rwWrapper{
    rw: rw,
    mw: io.MultiWriter(rw, buf),
  }
}

func (r *rwWrapper) Header() http.Header {
  return r.rw.Header()
}

func (r *rwWrapper) Write(i []byte) (int, error) {
  if r.status == 0 {
    r.status = http.StatusOK
  }
  return r.mw.Write(i)
}

func (r *rwWrapper) WriteHeader(statusCode int) {
  r.status = status
  r.rw.WriteHeader(statusCode)
}
func NewLogger(l *log.Logger) func(http.Handler) http.Handler {
  return func(next http.Handler) http.Handler {
    return http.HandlerFunc(func(w http.ResponseWriter, r *http.Request) {
      buf := &bytes.Buffer{}
```

▼

112

```
      rww := NewRwWrapper(w, buf)
      next.ServeHTTP(rww, r)
      l.Printf("%s", buf)
      l.Printf("%d", rww.status)
    })
  }
}
```

　　`http.ResponseWriter` インターフェースから取得できないステータスコードやレスポンスボディの内容をログに埋め込むことが可能になります。

| COLUMN | リクエストボディやレスポンスボディをログに記録するということ |

　　リクエストやレスポンスのボディ内容を残すときはそのエンドポイントが送受信するデータに機密情報が含まれていないか十分に検証する必要があります。

　　ログはたいていクラウドサービスに転送します。ユーザーを発行するエンドポイントのリクエストには個人情報が含まれていたり、レスポンスにはパスワードが含まれている可能性もあります。これらが平文のままログ保管場所に保存されるのは大変危険です。リクエストボディやレスポンスボディをログに残す際はパフォーマンス以外にも情報管理について注意を払わなければなりません。

「context.Context」型の値に情報を付与するミドルウェア

ミドルウェアでは *http.Request 型の値に対する操作もできます。 *http.Request 型の値の WithContext メソッドや Clone メソッドを使えば context.Context 型の値に情報を付与することもできます。 *http.Request 型の値の Context メソッドによって取得できる context.Context 型の値を関数呼び出し先に引き渡すようにアプリケーションを設計していれば、アプリケーションの各実装でミドルウェアによって context.Context 型の値に付与された情報へアクセスできます。 context.Context 型の値にはプリミティブな値だけでなくオブジェクトも埋め込むことができます。

このテクニックを利用することで次のようなアイデアも実現できます。

- アプリケーションのバージョン情報などを埋め込んでおく
- プリセットされた「Logger」型の値を引き回す

253ページではアクセストークンから取得したユーザーIDやロールの情報を context.Context 型の値に付与するミドルウェアを実装します。

SECTION-050
Webアプリケーション独自の
ミドルウェアパターン

　Webアプリケーションフレームワークによってはエンドポイントを実装する際のシグネチャが `http.Handler` インターフェースと異なります。その場合は独自のミドルウェアパターンが定義されていたり、標準パッケージのみを利用するミドルウェアパターンをラップする仕組みが用意されています。

　たとえば、著名なWebアプリケーションフレームワークの1つである `github.com/lab stack/echo` ライブラリではミドルウェアパターン用に `type MiddlewareFunc func (echo.HandlerFunc) echo.HandlerFunc` [3]という型が定義されています。`Middle wareFunc` 型の引数と戻り値は標準パッケージの `HandlerFunc` とは異なるため、今まで紹介したミドルウェアの実装をそのまま使うことはできません。ただし、`func WrapMiddle ware(m func(http.Handler) http.Handler)` 関数[4]というラッパーが用意されているので、標準パッケージ向けに作成した実装を利用できます。

　Webアプリケーションフレームワークではありませんが、筆者がよく利用する `github.com/ gorilla/mux` というルーターライブラリでは `type MiddlewareFunc func(http. Handler) http.Handler` [5]というDefined Typeが定義されています。 `mux.Middle wareFunc` 型は標準パッケージを利用するミドルウェアパターンとシグネチャが同じため、得に意識せずに汎用的なミドルウェアの実装を利用できます。

12

ミドルウェアパターン

---

[3]:https://pkg.go.dev/github.com/gorilla/mux#MiddlewareFunc
[4]:https://pkg.go.dev/github.com/labstack/echo/v4#MiddlewareFunc
[5]:https://pkg.go.dev/github.com/labstack/echo/v4#WrapMiddleware

CHAPTER 13

ハンズオンの
内容について

　ここまでの章ではWebアプリケーション開発の事前知識としてGoの設計思想や知っていると便利な標準パッケージの機能について紹介しました。本章からはGoを用いたWebアプリケーションについて、簡単なWebサーバーを起動するコードから始めてテストコードを書き段階的な変更を繰り返しながら業務の運用に耐えうるAPIサーバーを構築するハンズオン形式になります。

　まず実際のコードの実装・解説へ入る前に本章以降の構成とその意図について解説します。また今回実装するWebアプリケーションの全容とシステム構成についてもここで明らかにしておきます。

ハンズオンの進め方

本書のハンズオンは次のような進め方を想定しています。

なぜそうするのか理解しながら進める

皆さんはOSSのコードリーディングをしたり、膨大な既存コードが存在する既存プロダクトの開発に参加したり、チーム開発の中で他人のコードをレビューしたりしたことがあると思います。コードが開発された過程を知らずにコードを見ると「なぜこうなっているんだろう?」と思うことはありませんか? これは本書のような書籍でも同様なことがいえます。特定の問題やある要求に対して「このようなコードを書けば解決します。」と正解例や実装パターンを示すのは確かに端的でわかりやすい解説です。

しかし、**なぜそのようなアプローチを取る必要があるのか**を理解しないまま読み進めても「**もっと簡単に書けるじゃないか**」「**私のプロダクトではそもそもやる必要なさそう**」と読者が感じてしまうかもしれません。

そこで本書では、**最低限の機能のみ(あるいは保守性が無考慮)のコード**をあえて書くところから始めます。実務ではいきなり完成形のコードを書いてしまいがちですが、あえてある要求を最低限満たすだけのコードを書くことで問題点を確認し、その問題点を解決するためのコードとしてインクリメンタルに実装に改良を重ねていきます。

テストを書きながら実装を進める

本番で稼働させる実装コードの実装方法とテストコードの書き方を別々の章で構成することも考えました。しかし、良いコードはテスト可能であり、テストが書きにくいコードは書き直しの対象になるだけでなく、凝集度が低いことや結合度が高い疑惑もあります。テストコードを書こうとしてはじめてわかる設計のまずさは存在します。しかし、先にテストコードを書くというテストファーストな開発に慣れていない場合は難しい開発手法です。

そのため、今回は次のような流れで実装を紹介します。

1 プロダクションコードを実装する。

2 プロダクションコードのテストコードを作成する。

3 テストコードからAPIを実行する中で発生した問題点を探す。

4 問題点を参考にリファクタリングを行う。

今日、テストコードを書くことに異論がある人はいないでしょう。テストコードを書くことは次のような効果があります。

- APIの使いやすさを最初の利用者として確認できる
- コードの修正・変更による意図しない副作用の発生有無を確認できる

作成するWebアプリケーションの概要

実際にコードを書き始める前に本書の例題として作成するアプリケーションの機能とシステム構成について述べます。今回作成するWebアプリケーションは認証付きのTODOタスクを管理するAPIサーバーです。最終的には次のエンドポイントを実装します。

▼表13.1　エンドポイント一覧

HTTPメソッド	パス	概要
POST	/regiser	新しいユーザーを登録する
POST	/login	登録済みユーザー情報でアクセストークンを取得する
POST	/tasks	アクセストークンを使ってタスクを登録する
GET	/tasks	アクセストークンを使ってタスクを一覧する
GET	/admin	管理者権限のユーザーのみがアクセスできる

「Beyond the Twelve-Factor App」に準拠したWebアプリケーションの実装

Webアプリケーションを実装するときはゼロからすべてを設計するのではなく、要件にあったアーキテクチャを選定し、その設計思想に基づいて設計や実装を行うことが多いです。

本書ではクラウドネイティブWebアプリケーションの一番オーソドックスな設計指針であろう「Beyond the Twelve-Factor App」[1]に則ってアプリケーションを実装します。「Beyond the Twelve-Factor App」は「Twelve-Factor App」[2]の発展型の設計方針です。

「Beyond the Twelve-Factor App」は無料でPDFファイルを取得して学習することができますが、VMwareにメールアドレスを登録する必要があります。メールアドレスを登録するのに躊躇する方は、まずオリジナルの「The Twelve-Factor App」を読んだ後、@kakakakakkuさん[3]の『「The Twelve-Factor App」を15項目に見直した「Beyond the Twelve-Factor App」を読んだ』という記事[4]を読むと概要を理解できるでしょう。なお、「O'Reilly Online Learning」を利用している方ならば、同サービス上[5]でも読むことができます。

Web UIについて

ブラウザからアクセスするGUI画面は作りません。これはGoはバックエンドサービスとして利用されることが大半だからです。より実務で利用されることの多い機能や実装パターンの解説に紙面を割くため、本書ではWeb GUIの作成を行いません。

13

ハンズオンの内容について

---

[1]:https://tanzu.vmware.com/content/blog/beyond-the-twelve-factor-app
[2]:https://12factor.net/ja/
[3]:https://twitter.com/kakakakakku
[4]:https://kakakakakku.hatenablog.com/entry/2020/03/09/084833
[5]:https://learning.oreilly.com/library/view/beyond-the-twelve-factor/9781492042631/

COLUMN	Goとフロントエンド開発について

Goの標準パッケージにはHTMLを出力するための **html/template** パッケージも存在します。しかし、このパッケージを使ってユーザーフレンドリーなWeb UIを作っているプロダクトはあまりないのかなと思っています。

html/template パッケージがまったく使えないパッケージ、というわけではないのですが、JavaScriptフレームワークを使ったフロントエンド開発と比較して表現力が貧相ですし、CDN(Content Delivery Network)などのWeb配信技術とも相性が悪いです。自社メンバーがアクセスする管理者画面などの開発では利用されているかもしれませんが、私はほとんど事例を聞いたことがありません。

システム構成について

今回作成するアプリケーションではAPIサーバーで多く利用されるシステム構成であろうRDBMSとインメモリデータベースを利用したREST APIサーバーの開発を行います。

▼図13.1　Webアプリケーションを構成するサービス

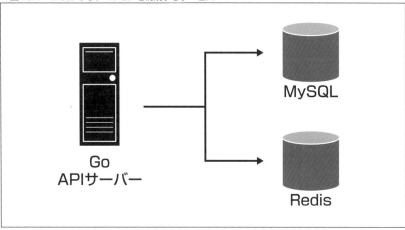

2020年 代 のAPI開 発 ではgRPC[6]、(こちらもREST APIですが)OpenAPI[7] やGraphQL[8]の利用も活発ですが、今回はシンプルなREST APIを題材にします。REST APIの開発知識や実装パターンは、その他のフレームワークを利用したバックエンドサーバーの開発でも十分に利用されています。たとえば、Middlewareパターンは、gRPCの開発ではIntercepterという名前で利用されています。安定したサービス運用に必要な**グレースフルシャットダウン**(Graceful Shutdown)や**エクスポネンシャルバックオフ**(Exponential Backoff)という手法はどのような通信形式を採用しても必須の知識です。

まずはREST APIの開発を学習することはその他の通信形式のサービス開発でも応用が利く知識を得られます。

[6]:https://grpc.io/
[7]:https://www.openapis.org
[8]:https://graphql.org/

Dockerを使ったコンテナアプリケーションの作成

今回のアプリケーションはコンテナ化を前提に設計・実装し、Docker Composeを使って
ローカル環境を作成します。Dockerを利用することはDocker自体の学習コストがかかりますが、次のようなコストを削減する効果もあります。

- 読者のOSに依存した環境差異に対応するコスト
  - 実務でも開発メンバー間やローカル環境と本番環境の間の環境差異を吸収してくれる
- ローカル環境でRDBMSなどのミドルウェアを構築するコストの簡略化

また、コンテナ化を想定していないアプリケーション設計をコンテナに移行するのは難しいですが、逆はほぼハードルがないので、最初からコンテナ化を前提として解説を行います。本章の冒頭で紹介した「Beyond the Twelve-Factor App」などはコンテナ化を意識した設計を行えば暗黙的に遵守できる項目が多いです。

利用パッケージの選定方針について

実務のアプリケーション開発でゼロからフレームワークや依存パッケージを選定できる機会はなかなかありません。大抵は稼働中の既存システムが利用しているフレームワーク、あるいはテックリードや開発責任者が選択したフレームワークを使って開発することになります。

そこで本書では、極力標準パッケージや準標準パッケージ(`golang.org/x` 以下にあるパッケージ)を利用した実装を行います。標準パッケージの実装やインターフェースに準拠したコードを書くことを通してGoの実装パターンを学ぶことはフル機能なWebアプリケーションフレームワークやORMを使う際の基礎にもなるでしょう。標準パッケージで提供されておらず車輪の再発明をするのが非効率な機能や標準パッケージのインターフェースに準拠しており簡単に取捨選択ができるパッケージについては効率性を重視して利用します。

そのため、Echo[9]やGin[10]、Goa[11]といったWebアプリケーションフレームワークは利用しません。Goの著名なWebアプリケーションフレームワークは `github.com/valyala/fasthttp` パッケージ[12]をベースにした `github.com/gofiber/fiber` パッケージ[13]のような例を除いて、ほぼすべてが `net/http` パッケージをベースとしています。他のWebアプリケーションフレームワークを利用する際にも `net/http` パッケージを使ったハンズオンで得た知識は役立つでしょう。

開発で利用するサービス・OSSについて

本書は構成管理ツールとして多く利用され、GitHub Actions[14]やDependabot[15]など、ソフトウェア開発のためのエコシステムも充実しているGitHub[16]を使うことを前提にしています。本書で行う自動テストの設定と同様のCI/CD環境の設定をしても料金はかかりません。

[9]:https://echo.labstack.com/
[10]:https://gin-gonic.com/
[11]:https://goa.design/
[12]:https://github.com/valyala/fasthttp
[13]:https://github.com/gofiber/fiber
[14]:https://github.co.jp/features/actions
[15]:https://docs.github.com/ja/code-security/dependabot
[16]:https://github.com

CHAPTER 14

HTTPサーバーを
作る

この章ではGitHubリポジトリを作った後、GoでHTTP
サーバーのコードを書き、コマンドライン上でWebサー
バーを実行するところまで実装します。

SECTION-053

プロジェクトの初期化

まずはプロジェクトを初期化します。構成管理をせずに開発できますが、次の利点があるため、本書ではGitHub上でコードの構成管理をすることを前提とします。

- GitHub Actionsを使った継続的インテグレーションを構築できる
  - 自動テストや静的解析を行いながら間違いがないか確認しながら学習を進められる
- 構成管理をしながら作業をすることでやり直しを容易にする

GitHubリポジトリを作成する

まずはじめに、アプリケーションに関わる成果物を構成管理するためのリポジトリを作成します。GitHubを使った開発を行うときは gh コマンド[1]を利用することでGitHubの操作を簡単に行えます。 gh コマンドはGitHubが開発しているコマンドラインからGitHub上のリポジトリを操作したり情報を閲覧したりするためのOSSツールで、Goで実装されています。

リスト14.1は gh コマンドを使って go_todo_app という名前でGitHubのリポジトリを新規作成する様子です。対話形式で次の作業を行いました。

- 「git init」コマンドでGitリポジトリの初期化
- リモートリポジトリの作成
- ライセンスファイルの作成
- 言語に特化した「.gitignore」ファイルの作成
- 「git clone」してローカルにリポジトリを取得

Webブラウザ上でリモートリポジトリを作成し、git clone コマンドを使ってローカルリポジトリとして取得する作業を省略できました。

▼リスト14.1 「gh」コマンドを使ったGitリポジトリの初期化

```
$ gh repo create
? What would you like to do? Create a new repository on GitHub from scratch
? Repository name go_todo_app
? Description TODO Web Application with AUTH by Go.
? Visibility Private
? Would you like to add a .gitignore? Yes
? Choose a .gitignore template Go
? Would you like to add a license? Yes
? Choose a license MIT License
? This will create "go_todo_app" as a private repository on GitHub. Continue? Yes
✓ Created repository budougumi0617/go_todo_app on GitHub
? Clone the new repository locally? Yes
Cloning into 'go_todo_app'...
remote: Enumerating objects: 4, done.
remote: Counting objects: 100% (4/4), done.
```

[1]:https://cli.github.com/

```
remote: Compressing objects: 100% (4/4), done.
Receiving objects: 100% (4/4), done.
remote: Total 4 (delta 0), reused 0 (delta 0), pack-reused 0
```

　cd go_todo_app コマンドでディレクトリを移動し、ローカルリポジトリの中で **gh open** コマンドを実行すれば、GitHub上に作成されたリモートリポジトリをWebブラウザ上で開くことができます。

■ Goのプロジェクト

　CHAPTER 05でも触れた **go mod** コマンドを使ってプロジェクト（モジュール）の初期化をします。

　ローカルリポジトリのディレクトリに移動した後、**go mod init ${モジュール名}** を実行します。モジュール名はこのリポジトリ配下に作成するパッケージをソースコード内で **import** するときに利用します。自由なモジュール名を設定できますが、リポジトリのURLと一致させておくのがおすすめです。

▼リスト14.2　「go mod init」コマンドでモジュールの初期化する

```
$ cd go_todo_app
$ go mod init github.com/budougumi0617/go_todo_app
go: creating new go.mod: module github.com/budougumi0617/go_todo_app
```

　まだ他のモジュールに依存していないため、次のような内容の **go.mod** ファイルが生成されます。 **go.mod** ファイルの内容については公式リファレンス[2]を参照してください。

▼リスト14.3　作成された「go.mod」ファイル

```
$ cat go.mod
module github.com/budougumi0617/go_todo_app

go 1.18
```

14

エコーサーバーを作る

14

エHTTPサーバーを作る

| COLUMN | 「go mod init」と「GOPATH」とローカルリポジトリの整理 |

　2018年末にGo 1.11[3]がリリースされるまで、Goのソースコードは $GOPATH/src ディ
レクトリの配下でしか開発できず、ローカルマシン内で自由にコードを配置したい方々から
は不評でした。Modulesが導入されたGo 1.11のGoは $GOPATH/src ディレクトリの外
にGoのソースコードを配置しても開発できます。通常の開発をする分には $GOPATH 環
境変数の値を気にする必要はなくなっています。

　ただ、非常に便利なローカルリポジトリ管理ツールの ghq コマンド[4]を利用していると自然
とGo 1.11リリース以前のディレクトリ構成でコードを管理することになります。筆者は fzf コ
マンド[5]と ghq コマンドを組み合わせてローカルマシンのコードを管理しているので、今
でも GOPATH 時代と同じディレクトリ配置です。 go mod init コマンドも $GOPATH/
src ディレクトリ配下で実行すれば引数にモジュール名の指定しなくても動作します。

[3]:https://go.dev/doc/go1.11
[4]:https://github.com/x-motemen/ghq
[5]:https://github.com/junegunn/fzf

Webサーバーを起動する

　それではWebサーバーのコードをGoで書きます。Goの標準パッケージの **net/http** パッケージを使うと「動くだけ」のWebサーバーならば数行で完成します。

　リスト14.4は受け取ったリクエストのパスを使ってレスポンスメッセージを組み立てるサーバーの実装です。ポート番号を「18080」に固定してサーバーを起動しているので、必要に応じて **":18080"** の部分を別の番号に変更してください。

▼リスト14.4　ほぼ最小限のコードのWebサーバー

```
package main

import (
  "fmt"
  "net/http"
  "os"
)

func main() {
  err := http.ListenAndServe(
    ":18080",
    http.HandlerFunc(func(w http.ResponseWriter, r *http.Request) {
      fmt.Fprintf(w, "Hello, %s!", r.URL.Path[1:])
    }),
  )
  if err != nil {
    fmt.Printf("failed to terminate server: %v", err)
    os.Exit(1)
  }
}
```

　http.ListenAndServe 関数は第1引数のアドレス文字列と第2引数のハンドラーを使ってHTTPサーバーを起動します。第1引数はIP情報を省略しているため **localhost** での起動になります。第2引数のハンドラーには単一の実装しか渡していないため、どんなパスにアクセスしても「パスを使ってレスポンスメッセージを返す」処理になります。

動作確認

動作確認のためビルドせずにカレントディレクトリの `main` 関数を起動する `go run .` コマンドで実行して別コマンドラインから `curl` コマンドを実行してみます。

▼リスト14.5　動作確認

```
# カレントディレクトリにあるファイルのmain関数を実行する
$ go run .

# === 新たに起動した別コマンドラインからcurlコマンドを実行
$ curl localhost:18080/from_cli
Hello, from_cli!%
```

なお、Goの `net/http` パッケージはデフォルトで並列リクエストを受け付けます。そのため、`Ruby` や `Python` の標準ライブラリが提供するHTTPサーバーの機能と異なり、**本番環境用に並列リクエストを受け付けるためのミドルウェアを別途用意する必要はありません。**ローカル開発と本番開発でサーバーの実行構成に差分がないのもGoでWebアプリケーション開発をする際のメリットです。

動作確認が完了したら `go run .` コマンドを実行したコマンドライン上で **CTRL+C** を押下してSIGINTシグナルを使ってサーバープロセスを終了させます。

▼リスト14.6　実行中のサーバーの終了

```
$ go run .
^Csignal: interrupt
```

14

エコHTTPサーバーを作る

リファクタリングとテストコード

　数行のコードで並列リクエストを受け付けるサーバーを実装し動作確認ができました。この
コードの動作をテストコードからも確認します。業務で開発を行う上で必須となるのがテストコー
ドです。しかし、先ほど実装した **main** 関数でサーバーするコードはテスト容易性が低い状
態です。

テスト容易性が低い

　まず、この実装をテストコードから実行するにはどうしたらよいでしょうか。

　Goの **main** 関数は単なる関数でしかないため、テストコードから実行できます。しかし、関
数外部から中断操作ができず関数の戻り値もないため、出力を検証することも困難でテスト
コードで扱いやすいコードとはいえません。異常状態になったときは **os.Exit** 関数を実行す
るため、直ちに終了してしまいます。

▼リスト14.7　「main」関数に対するテスト

```
// main_test.go
package main

import "testing"

func TestMainFunc(t *testing.T) {
  go main()
  // 実行できるが終了は指示できない
}
```

　また、サーバーを起動する際に指定するポート番号も固定されています。動作確認用にコ
マンドラインでサーバーを起動したままテストを実行しようとすると、**18080** ポートが利用できず
にサーバーが起動できません。

「run」関数へ処理を分離する

　前項で述べた現状のコードの問題点は次の点でした。

- テスト完了後に終了する術がない
- 出力を検証しにくい
- 異常時に「os.Exit」関数が呼ばれてしまう
- ポート番号が固定されているのでテストで起動に失敗する可能性がある

　これらを解決するため、**main** 関数から処理を分離した **run** 関数を実装します。 **run** 関
数はGoでメインプロセスを実装する際に使われる実装パターンです。Webサーバーの実装に
限らず、コマンドラインの実装でも利用されます。

14

エコーＴＣＰサーバーを作る

まずは context.Context 型の値を引数にとり、異常時は os.Exit 関数を呼ぶので
はなく、error 型の値を戻す func run(ctx context.Context) error 関数を実
装します。

main 関数の実装はリスト14.8のようになります。

▼リスト14.8「run(ctx context.Context) error」関数に処理を委譲した「main」関数

```
func main() {
  if err := run(context.Background()); err != nil {
    log.Printf("failed to terminate server: %v", err)
  }
}
```

▶ 関数の外部からサーバーのプロセスを中断可能にする

run 関数では、context.Context 型の値を引数にとり、外部からのキャンセル操作
を受け取った際にサーバーを終了するように実装します。まず、net/http パッケージには
http.Server 型があり、http.ListenAndServe 関数ではなく、*http.Server 型の
ListenAndServe メソッドを利用することでもHTTPサーバーを起動できます。 *http.
Server 型には Shutdown メソッドも実装されており、Shutdown メソッドを呼び出すことで
HTTPサーバーを終了できます。

*http.Server 型を使うとサーバーのタイムアウト時間なども柔軟に設定できるため、実
務でHTTPサーバーを起動する際は *http.Server 型を経由してHTTPサーバーを起
動するのが定番となります。

▼リスト14.9 「http.Server」型を使ったHTTPサーバーの起動

```
s := &http.Server{
  Addr: ":18080",
  Handler: http.HandlerFunc(func(w http.ResponseWriter, r *http.Request) {
    fmt.Fprintf(w, "Hello, %s!", r.URL.Path[1:])
  }),
}
s.ListenAndServe()
```

*http.Server 型を利用して run 関数に次の機能を実装します。

- 「*http.Server.ListenAndServe」メソッドを実行してHTTPリクエストを受け付ける
- 引数で渡された「context.Context」を通じて処理の中断命令を検知したとき、「*http.Ser
  ver.Shutdown」メソッドでHTTPサーバーの機能を終了する
- 「run」関数の戻り値として「*http.Server.ListenAndServe」メソッドの戻り値のエラーを
  返す

*http.Server.ListenAndServe メソッドを実行しながら context.Context から
伝播される終了通知を待機する必要があります。直接、go 文を使って並行処理を行うとチャ
ネルを使ったやり取りなどの実装も必要になるため、準標準パッケージを利用します。

| COLUMN | 「http.Sever」型(と「http.Client」型)のタイムアウト |

http.Sever 型と http.Client 型に設定できるタイムアウトについては、「The Cloudflare Blog」の「The complete guide to Go net/http timeouts」[6]という記事に記載されている概要と図を見ることをおすすめします。

▶「golang.org/x/sync/errgroup」パッケージを使って終了通知を待機する

run 関数を実装する際に利用する準標準パッケージである golang.org/x/sync を go get コマンドで取得しておきます。

▼リスト14.10 「go get」コマンドの実行

```
$ go get -u golang.org/x/sync
```

golang.org/x/sync パッケージには errgroup サブパッケージが含まれています。errgroup.Group 型[7]を使うと戻り値にエラーが含まれるゴルーチン間の並行処理の実装が簡単に実装できます。Goの標準パッケージにも sync.WaitGroup 型[8]というゴルーチンの取り扱いをシンプルにできる型があるのですが、こちらは別ゴルーチン上で実行する関数から戻り値でエラーを受け取ることができません。

リスト14.11は *errgroup.Group 型の値を使ってHTTPサーバーを起動しつつ context.Context 型の値からの終了通知を待機する run 関数の実装です。 errgroup.WithContext 関数を使って取得した *errgroup.Group 型の値の Go メソッドを利用すると func() error というシグネチャの関数を別ゴルーチンで起動できるようになります。別ゴルーチンでは *http.Server.ListenAndServe メソッドを実行してHTTPリクエストを待機します。 run 関数は引数で受け取った context.Context 型の値の Done メソッドの戻り値として得られるチャネルからの通知を待ちます。チャネルから通知があった場合は次の順序で run 関数が終了します。

- 「<-ctx.Done()」の次の行の「*http.Server.Shutdown」メソッドが実行される
- 別ゴルーチンで実行していた「*http.Server.ListenAndServe」メソッドが終了する
- 別ゴルーチンで実行していた無名関数(「func()error」)が終了する
- 「run」関数の最後で別ゴルーチンが終了するのを待機していた「*errgroup.Group.Wait」メソッドが終了する
- 別ゴルーチンで実行していた無名関数(「func()error」)の戻り値が「run」関数の戻り値になる

上記より、*http.Server.ListenAndServe メソッドでHTTPリクエストを受け付けながら、引数で受け取った context.Context 型の値を経由して外部からの終了通知を待機する run 関数が実装できました。

---

[6]:https://blog.cloudflare.com/the-complete-guide-to-golang-net-http-timeouts/
[7]:https://pkg.go.dev/golang.org/x/sync/errgroup#Group
[8]:https://pkg.go.dev/sync#WaitGroup

▼リスト14.11　外部から終了を指示されたときサーバーを終了する「run」関数

```go
package main

import (
  "context"
  "fmt"
  "log"
  "net/http"
  "os"

  "golang.org/x/sync/errgroup"
)

// main関数の定義は省略

func run(ctx context.Context) error {
  s := &http.Server{
    Addr: ":18080",
    Handler: http.HandlerFunc(func(w http.ResponseWriter, r *http.Request) {
      fmt.Fprintf(w, "Hello, %s!", r.URL.Path[1:])
    }),
  }
  eg, ctx := errgroup.WithContext(ctx)
  // 別ゴルーチンでHTTPサーバーを起動する
  eg.Go(func() error {
    // http.ErrServerClosed は
    // http.Server.Shutdown() が正常に終了したことを示すので異常ではない。
    if err := s.ListenAndServe(); err != nil &&
      err != http.ErrServerClosed {
      log.Printf("failed to close: %+v", err)
      return err
    }
    return nil
  })

  // チャネルからの通知(終了通知)を待機する
  <-ctx.Done()
  if err := s.Shutdown(context.Background()); err != nil {
    log.Printf("failed to shutdown: %+v", err)
  }
  // Goメソッドで起動した別ゴルーチンの終了を待つ。
  return eg.Wait()
}
```

■ 「run」関数をテストする

前項で実装した run 関数に対して次の検証を実施するテストコード(main_test.go ファイル)を作成します。

- 期待通りにHTTPサーバーが起動しているか
- テストコードから意図通りに終了するか

リスト14.12は上記2つの検証を行うテストコードです。テストコードの大まかな流れは次の通りです。

1 キャンセル可能な「context.Context」のオブジェクトを作る。
2 別ゴルーチンでテスト対象の「run」関数を実行してHTTPサーバーを起動する。
3 エンドポイントに対してGETリクエストを送信する。
4 「cancel」関数を実行する。
5 「*errgroup.Group.Wait」メソッド経由で「run」関数の戻り値を検証する。
6 GETリクエストで取得したレスポンスボディが期待する文字列であることを検証する。

▼リスト14.12 「run」関数に対するテストコード

```go
package main

import (
  "context"
  "fmt"
  "io"
  "net/http"
  "testing"

  "golang.org/x/sync/errgroup"
)

func TestRun(t *testing.T) {
  ctx, cancel := context.WithCancel(context.Background())
  eg, ctx := errgroup.WithContext(ctx)
  eg.Go(func() error {
    return run(ctx)
  })
  in := "message"
  rsp, err := http.Get("http://localhost:18080/" + in)
  if err != nil {
    t.Errorf("failed to get: %+v", err)
  }
  defer rsp.Body.Close()
  got, err := io.ReadAll(rsp.Body)
  if err != nil {
    t.Fatalf("failed to read body: %v", err)
  }
```

```
// HTTPサーバーの戻り値を検証する
want := fmt.Sprintf("Hello, %s!", in)
if string(got) != want {
  t.Errorf("want %q, but got %q", want, got)
}

// run関数に終了通知を送信する。
cancel()
// run関数の戻り値を検証する
if err := eg.Wait(); err != nil {
  t.Fatal(err)
}
}
```

テストコードを書いたらテストを実行して期待通りにテストが終了することを確認します。

▼リスト14.13　テストの実行

```
$ go test -v ./...
=== RUN   TestRun
--- PASS: TestRun (0.00s)
PASS
ok      github.com/budougumi0617/go_todo_app    0.145s
```

　一時的にテストコードの `want := fmt.Sprintf("Hello, %s!", in)` の文字列を変更してテストが失敗することを確認するのもよいでしょう。

▼リスト14.14　テストが失敗することを確認する

```
$ go test -v ./...
=== RUN   TestRun
    main_test.go:39: want "Hi, message!", but got "Hello, message!"
--- FAIL: TestRun (0.01s)
FAIL
FAIL    github.com/budougumi0617/go_todo_app    0.914s
FAIL
```

　`go run .` コマンドでサーバーを起動してアプリケーションとしての挙動も変わっていないことを確認しましょう。期待通り動作していることを確認したならば、`go mod tidy` コマンドで `go.mod` ファイルと `go.sum` ファイルを更新しておきます。

テストが実行できない

go run コマンドを実行中に別のコマンドラインやIDE上で go test コマンドを実行すると tcp :18080: bind: address already in use というようなエラーが発生します。このエラーはメッセージの通り、go run コマンドで起動しているHTTPサーバーと go test コマンドで起動しようとするHTTPサーバーが同じポート番号を利用しようとするためです。次節ではポート番号を動的に割り当てるようにします。

▼リスト14.15　エラーの発生

```
$ go test -v ./...
=== RUN   TestRun
2022/05/24 22:45:18 failed to close: listen tcp :18080: bind: address already in use
    main_test.go:33: listen tcp :18080: bind: address already in use
--- FAIL: TestRun (0.00s)
FAIL
FAIL    github.com/budougumi0617/go_todo_app    0.240s
FAIL
```

ポート番号を変更できるようにする

　前節で触れたテストの実行にも影響がありましたが、割り当てたい（空いている）ポート番号は実行環境によって異なります。すでにローカル環境の **18080** ポートが他のアプリケーションで利用されていて、この節を読む以前に異なるポート番号でサンプルコードを実行しているかもしれません。

　ここではポート番号が競合して動作に問題がでないようにします。

▮ 動的にポート番号を変更して「run」関数を起動する

　net パッケージや **net/http** パッケージではポート番号に **0** を指定すると利用可能なポートを動的に選択してくれます。ただ、**run** 関数の中でポート番号を自動選択するとテストコードからどんなURL（どのポート番号）へリクエストを飛ばせばいいのか、わからなくなります。

　そのため、リスト14.16のように **run** 関数外部から動的に選択したポート番号のリッスンを開始した **net.Listener** インターフェースを満たす型の値を渡すようにコードを修正します。

▼リスト14.16　関数外部からネットワークリスナーを受け取る

```
func run(ctx context.Context, l net.Listener) error {
  s := &http.Server{
    // 引数で受け取ったnet.Listenerを利用するので、
    // Addrフィールドは指定しない
    Handler: http.HandlerFunc(func(w http.ResponseWriter, r *http.Request) {
      fmt.Fprintf(w, "Hello, %s!", r.URL.Path[1:])
    }),
  }
  eg, ctx := errgroup.WithContext(ctx)
  eg.Go(func() error {
    // ListenAndServeメソッドではなく、Serveメソッドに変更する
    if err := s.Serve(l); err != nil &&
      // http.ErrServerClosed は
      // http.Server.Shutdown() が正常に終了したことを示すので異常ではない
      err != http.ErrServerClosed {
      log.Printf("failed to close: %+v", err)
      return err
    }

    // 以下のコードは変更なし
```

　テストコードを修正して新しい **run** 関数を実行する前に **net.Listen** 関数でリッスンを開始しておくようにします。

▼リスト14.17 「run」関数に対応したテストの修正

```go
func TestRun(t *testing.T) {
  l, err := net.Listen("tcp", "localhost:0")
  if err != nil {
    t.Fatalf("failed to listen port %v", err)
  }
  ctx, cancel := context.WithCancel(context.Background())
  eg, ctx := errgroup.WithContext(ctx)
  eg.Go(func() error {
    return run(ctx, l)
  })
  in := "message"
  url := fmt.Sprintf("http://%s/%s", l.Addr().String(), in)
  // どんなポート番号でリッスンしているのか確認
  t.Logf("try request to %q", url)
  rsp, err := http.Get(url)

  // 以下のコードは変更なし
```

main 関数はリスト14.18のように変更できます。 os.Args 変数を使って実行時の引数でポート番号を指定できるようにします。

▼リスト14.18 「run」関数に対応した「main」関数の修正

```go
func main() {
  if len(os.Args) != 2 {
    log.Printf("need port number\n")
    os.Exit(1)
  }
  p := os.Args[1]
  l, err := net.Listen("tcp", ":"+p)
  if err != nil {
    log.Fatalf("failed to listen port %s: %v", p, err)
  }
  if err := run(context.Background(), l); err != nil {
    log.Printf("failed to terminate server: %v", err)
    os.Exit(1)
  }
}
```

なお、os.Args 変数を使ってコマンドライン引数を取得する方法とは別に、flag パッケージ[9]を使ってフラグとして情報を受け取る方法も存在します。

go run コマンドで動作を確認する際はポート番号を指定して go run . 18080 のように起動します。 go run コマンドでサーバーを起動しながら別のコマンドラインで go test コマンドを実行し、テストが成功するか確認しましょう。テストを実行するときに -v オプションをつけて実行すればテストが成功したときでも t.Logf メソッドの出力結果を確認できます。テスト中、0 番ポートではなく任意のポート番号がリッスンされているのがわかります。

▼リスト14.19　テストの実行

```
$ go test -v ./...
=== RUN    TestRun
    main_test.go:26: tray request to "http://127.0.0.1:59709/message"
--- PASS: TestRun (0.01s)
PASS
ok        github.com/budougumi0617/go_todo_app      0.915s
```

　以上で安定してテストコードを実行できるようになりました。しかし run 関数にまとめた main 関数内の処理が増えてしまいました。これらの変更に関しては次章以降の実装で修正するので、本章ではいったんここで変更を終わります。

▌まとめ

　本章ではGitHubリポジトリを作成し、単純なWebサーバーとテストコードを実装しました。動作するコードとテストコードが作成できたので、次章では機能を作り込む前にローカル実行環境と継続的インテグレーション環境を整備します。

- 標準パッケージを使ってWebサーバーを起動しました。
  - GoのWebサーバーは並列リクエストを処理できます。
- 「run」関数に処理を分離してテスト容易性を確保しました。
- 任意のポートで起動できるようにしました。
- ポートを可変にしてテストコードがリッスンに失敗する問題を解消しました。

CHAPTER 15

開発環境を整える

　機能開発を実施する前に開発環境や継続的インテグレーションを整備しておきます。開発がどんどん進んでいくと気づかないうちに特定のツールや実行環境に依存したり制約が発生します。後で改めて開発環境を整備するのは面倒なため、実行できるテストコードなどを用意できたこの段階で一度開発環境を整備します。

　なお、本書はそれぞれのツールやファイルの記載内容について詳細を説明いたしません。ご了承ください。

Dockerを利用した実行環境

　Goはビルドをすればシングルバイナリでデプロイできます。そのため、コンテナを作成するときも、ビルドしてできたバイナリファイルだけをコンテナに含めれば完了です。ビルド前のソースコードなどは不要なため、中間ビルドステージ上でビルドするマルチステージビルドを実施します。

　まず .dockerignore ファイルを作成して、Dockerでコンテナをビルドする際に無視するディレクトリを指定しておきます。

▼リスト15.1 「.dockerignore」を使ったファイルの除外

```
.git
.DS_Store
```

　次にDockerfileを定義します。リスト15.2には3つのビルドステージが定義されています。

▼リスト15.2 マルチステージビルドを利用したDockerfileの構成

```
# デプロイ用コンテナに含めるバイナリを作成するコンテナ
FROM golang:1.18.2-bullseye as deploy-builder

WORKDIR /app

COPY go.mod go.sum ./
RUN go mod download

COPY . .
RUN go build -trimpath -ldflags "-w -s" -o app

# -------------------------------------------------

# デプロイ用のコンテナ
FROM debian:bullseye-slim as deploy

RUN apt-get update

COPY --from=deploy-builder /app/app .

CMD ["./app"]

# -------------------------------------------------

# ローカル開発環境で利用するホットリロード環境
FROM golang:1.18.2 as dev
WORKDIR /app
```

```
RUN go install github.com/cosmtrek/air@latest
CMD ["air"]
```

各ビルドステージの役割は表15.1の通りです。

▼表15.1　Dockerfileの構成

ステージ名称	役割
deploy-builder	リリース用のビルドを行うコンテナイメージを作成するステージ
deploy	マネージドサービス上で動かすことを想定したリリース用のコンテナイメージを作成するステージ
dev	ローカルで開発するときに利用するコンテナイメージを作成するステージ

deploy ステージのビルドを実行するときは docker build -t budougumi0617/gotodo:${DOCKER_TAG} --target deploy ./ のように --target オプションを指定します。deploy にはリリース用のバイナリファイルしかコピーしません。deploy-builder ではリリース用のコンテナイメージには含みたくない秘匿情報を含んだファイルや環境変数を利用できます。

なお、GoでWebアプリケーションを開発する際にコンテナのベースイメージの選定方法については書籍『実用Go言語』の「14.2 コンテナ用イメージの作成」を参考にするのがおすすめです[1]。

ホットリロード環境

dev ステージのコンテナはローカルマシンで実行するためのコンテナイメージです。go install コマンドでインストールした air というコマンドを実行する宣言をしていますが、これはGoで「ホットリロード開発」を実現する github.com/cosmtrek/air [2]というOSSです。

air コマンドを実行すると、ファイルが更新されたことを検知するたびに go build コマンドを再実行して実行中のGoプログラムを再起動してくれます。ローカルマシンのディレクトリをマウントしておけば、コンテナ上でファイルを編集せずともホットリロードが行われます。

air コマンド用に .air.toml という設定ファイルをリスト15.3の通りに用意します。設定ファイルでは監視から除外するディレクトリや実行時の引数を指定できます。

前章のコード修正で実行時引数としてポート番号を渡すようにしているので、ここでは 80 を引数に指定しています。

▼リスト15.3　「.air.toml」の設定内容

```
root = "."
tmp_dir = "tmp"

[build]
# Just plain old shell command. You could use `make` as well.
cmd = "go build -o ./tmp/main ."
# Binary file yields from `cmd`.
bin = "tmp/main"
```

開発環境を整える

15

```
# 80番ポートで起動するように実行時引数を指定
full_bin = "APP_ENV=dev APP_USER=air ./tmp/main 80"

include_ext = ["go", "tpl", "tmpl", "html"]
exclude_dir = ["assets", "tmp", "vendor"]
include_dir = []
exclude_file = []
exclude_regex = ["_test.go"]
exclude_unchanged = true
follow_symlink = true
log = "air.log"
delay = 1000 # ms
stop_on_error = true
send_interrupt = false
kill_delay = 500 # ms

[log]
time = false

[color]
main = "magenta"
watcher = "cyan"
build = "yellow"
runner = "green"

[misc]
clean_on_exit = true
```

COLUMN ホットリロードとテストコード

　筆者の職場ではあまりホットリロードの需要はないので実務では導入していません。後の章で紹介する通り、Goは標準パッケージを利用するとHTTPハンドラーに対してリクエストを送信するテストコードが簡単に書けます。そのため、ホットリロード開発環境を用意して curl コマンドを使って動作確認するよりも、仕様化テストとしてテストコードを作って挙動を確認することが多いです。テストコードならばコーディングをするモードのままIDE上から離れずコードの修正とテストの実行を繰り返せるのも魅力です。

　ホットリロード開発環境で動作確認した後、その入出力をテストコードに落とし込むアプローチでもおすすめです。

Docker Composeの設定

　本書で作成するWebアプリケーションはMySQLやRedisを利用する想定です。これらを後々簡単にローカルで立ち上げるため、Docker Composeを利用します。Docker Composeは2022年4月からはV2の一般提供が開始されており、**docker compose** コマンド（ **docker** コマンドのサブコマンド）として実行できます[3]。

　ここではまずWebアプリケーションが起動するだけのリスト15.4のような **docker-compose.yml** を作成します。

▼リスト15.4　「docker-compose.yml」の設定内容

```
version: "3.9"
services:
  app:
    image: gotodo
    build:
      args:
        - target=dev
    volumes:
      - .:/app
    ports:
      - "18000:80"
```

　この **docker-compose.yml** では **app** という名前でホットリロード開発環境のコンテナを起動する宣言をしています。カレントディレクトリをマウントしているので、ローカルマシン上でコードを更新すれば自動的にHTTPサーバーが起動します。リスト15.3で設定した通り、80番ポートを使ってHTTPサーバーが起動するので、ローカルマシンの18000番ポートにバインドしています。

Docker Compose環境の動作確認

　ここまで用意できたらならまずローカル開発用のコンテナを **docker compose build --no-cache** コマンドでビルドします。

▼リスト15.5　コンテナのビルド

```
$ docker compose build --no-cache
[+] Building 4.4s (8/8) FINISHED
 => [internal] load build definition from Dockerfile
0.0s
 => => transferring dockerfile: 32B
0.0s
 => [internal] load .dockerignore
0.0s
 => => transferring context: 54B
0.0s
 => [internal] load metadata for docker.io/library/golang:1.18.2
2.1s
 => [auth] library/golang:pull token for registry-1.docker.io
```

[3]：「Announcing Compose V2 General Availability」(https://www.docker.com/blog/announcing-compose-v2-general-availability/)

```
0.0s
 => [dev 1/3] FROM docker.io/library/golang:1.18.2@sha256:02c05351ed076c581854c554fa65cb2eca
47b4389fb79a1fc36f21b8df59c24f                          0.0s
 => => resolve docker.io/library/golang:1.18.2@sha256:02c05351ed076c581854c554fa65cb2eca47b4
389fb79a1fc36f21b8df59c24f                          0.0s
 => CACHED [dev 2/3] WORKDIR /app
0.0s
 => [dev 3/3] RUN go install github.com/cosmtrek/air@latest
2.0s
 => exporting to image
0.1s
 => => exporting layers
0.1s
 => => writing image sha256:f53fdd9a8bae557914642324b3e8b79ae1e2920f382ac964a4f8b75f9d5f6960
0.0s
 => => naming to docker.io/library/gotodo
0.0s


Use 'docker scan' to run Snyk tests against images to find vulnerabilities and learn how to
fix them
```

　ビルド後、**docker compose up** コマンドでコンテナを起動します。正しく設定ファイルを用意できていれば、次のような実行ログが出力されます。別コマンドラインから **curl localhost:18000/hello** コマンドを実行し、ローカルマシンからリクエストが送信できることを確認します。

　確認が終わったら **docker compose up** コマンドを実行したコマンドラインで **CTRL+C** を押下してコンテナを終了します。

▼リスト15.6　コンテナの起動

```
$ docker compose up
[+] Running 1/0
 ⠿ Container go_todo_app-app-1  Recreated
0.0s
Attaching to go_todo_app-app-1
go_todo_app-app-1  |
go_todo_app-app-1  |    __     _   ___
go_todo_app-app-1  |   / /\   | | | | |_)
go_todo_app-app-1  |  /_/--\  |_| |_| \_  , built with Go
go_todo_app-app-1  |
go_todo_app-app-1  | mkdir /app/tmp
go_todo_app-app-1  | watching .
go_todo_app-app-1  | !exclude tmp
go_todo_app-app-1  | building...
go_todo_app-app-1  | go: downloading golang.org/x/sync v0.0.0-20220513210516-0976fa681c29
go_todo_app-app-1  | running...
go_todo_app-app-1  | 2022/05/26 00:47:00 start with: http://[::]:80
```

Makefileを追加する

プログラム言語ごとに多用されるタスクランナーツールがありますが、Goで開発を行う際は`Makefile`を使って各作業を管理することが多いです。本書でもここまで複数のコマンドをオプション引数をつけて実行してきました。それぞれのコマンドを`Makefile`に記載しておくとで繰り返しの実行を効率化しておきます。

作成する`Makefile`の内容はリスト15.7の通りです。ここまでで登場していないコマンドもありますが、便利なので宣言しておきます。たとえば、以降の開発では`make up`コマンドを実行すればバックグラウンドでホットリロード開発環境が起動できるようになります。

▼リスト15.7　本書でよく利用するコマンドを「make」コマンドにする

```makefile
.PHONY: help build build-local up down logs ps test
.DEFAULT_GOAL := help

DOCKER_TAG := latest
build: ## Build docker image to deploy
	docker build -t budougumi0617/gotodo:${DOCKER_TAG} \
		--target deploy ./

build-local: ## Build docker image to local development
	docker compose build --no-cache

up: ## Do docker compose up with hot reload
	docker compose up -d

down: ## Do docker compose down
	docker compose down

logs: ## Tail docker compose logs
	docker compose logs -f

ps: ## Check container status
	docker compose ps

test: ## Execute tests
	go test -race -shuffle=on ./...

help: ## Show options
	@grep -E '^[a-zA-Z_-]+:.*?## .*$$' $(MAKEFILE_LIST) | \
		awk 'BEGIN {FS = ":.*?## "}; {printf "\033[36m%-20s\033[0m %s\n", $$1, $$2}'
```

15

開発環境を整える

　紙面ではお伝えしにくいのですが、**コマンド：**と各コマンドを宣言している次の行は空白ではなくタブで始める必要があります。

　コマンド：　##　コマンドの説明という記述をして help コマンドを用意しておくと次のようなヘルプ表示ができるのでチーム開発で利用する **Makefile** を作成するときにおすすめです。詳しい説明は「**Makefileを自己文書化する**」[4]という記事を参考にしてください。

▼リスト15.8　ヘルプ表示の例

```
$ make help
build              Build docker image to deploy
build-local        Build docker image to local development
up                 Do docker compose up with hot reload
down               Do docker compose down
logs               Tail docker compose logs
ps                 Check container status
test               Execute tests
help               Show options
```

　[4]:https://postd.cc/auto-documented-makefile/

SECTION-059

GitHub Actionsを利用した
継続的インテグレーション環境

　GitHubやGitLabなどを利用したPull Request（PR）ベースの開発では、追加・変更した
コードに対して人によるレビューの他に継続的インテグレーション環境（CI環境）を用意してテ
ストコードや静的解析の自動実行を行います。本節ではGitHub Actionsを使ったCI環境を
構築します。GitHub ActionsはGitHubリポジトリの `.github/workflows/` ディレクトリ配
下にYAMLファイルを配置するだけで利用できます。

▌ GitHub Actionsの権限修正

　まず、CI実行中にGitHub ActionsからPRに書き込む許可を設定しておきます。`https://`
`github.com/${ACCOUNT_NAME}/${REPO_NAME}/settings/actions` にアクセスす
ると、`${REPO_NAME}` リポジトリで実行するGitHub Actionsの設定を変更できます。ここで、
図15.1のように「Workflow permissions」を「Read and write permissions」に変更しておき
ます。

▼図5.1　GitHub Actionsに書き込みを許可する

15

開発環境を整える

▋▋ テストとコードカバレッジ取得の自動実行

まずテストを自動的に実行し、取得されたカバレッジをPRにコメントするGitHub Actionsを定義します。`.github/workflows/` ディレクトリ配下に `test.yml` を作成します。`k1LoW/octocov-action` [5]はGitHub Actiuons上で実行したテスト結果のカバレッジをPRにコメントしてくれるワークフローです。

▼リスト15.9 「.github/workflows/test.yml」ファイル

```
on:
  push:
    branches:
      - "main"
  pull_request:
name: test
jobs:
  test:
    runs-on: ubuntu-latest
    steps:
    - uses: actions/setup-go@v3
      with:
        go-version: '>=1.18'
    - uses: actions/checkout@v3
    - run: go test ./... -coverprofile=coverage.out
    - name: report coverage
      uses: k1LoW/octocov-action@v0
```

このGitHub Actionsを設定した状態でPRを作れば図15.2のようにカバレッジの結果がコメントされます。

▼図15.2 PRにコメントされたコードカバレッジ

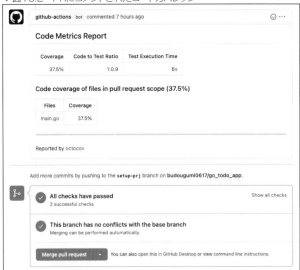

[5]:https://github.com/marketplace/actions/run-octocov

▍▍静的解析の自動実行

次に静的解析の設定を追加します。Goは多くの静的解析ツールがOSSとして公開されています。

それぞれを1つずつ実行すると管理が大変なため、`golangci-lint` コマンド[6]を使って複数の静的解析ツールを呼ぶのが定石です。GitHub Actions上で `golangci-lint` コマンドを実行する際は `reviewdog/action-golangci-lint` [7]を利用します。こちらを利用すると静的解析でエラーが報告されたとき、PR上で該当行にコメントしてくれます。

`.github/workflows/golangci.yml` として定義するGitHub Actionsの設定はリスト15.10の通りです。

▼リスト15.10 「.github/workflows/golangci.yml」ファイル

```
name: golang-ci
on:
  pull_request:
    paths:
      - "**.go"
      - .github/workflows/golangci.yml
jobs:
  golangci-lint:
    name: golangci-lint
    runs-on: ubuntu-latest
    steps:
      - name: Check out code into the Go module directory
        uses: actions/checkout@v3
      - name: golangci-lint
        uses: reviewdog/action-golangci-lint@v2
        with:
          github_token: ${{ secrets.GITHUB_TOKEN }}
          golangci_lint_flags: "--config=./.golangci.yml ./..."
          fail_on_error: true
          reporter: "github-pr-review"
```

本書では `.golangci.yml` にリスト15.11のような設定を定義します。

▼リスト15.11 「.golangci.yml」に記載する静的解析の設定

```
linters-settings:
  govet:
    check-shadowing: false
  gocyclo:
    min-complexity: 30
  misspell:
    locale: US

linters:
  disable-all: true
```

▼

[6]:https://golangci-lint.run/
[7]:https://github.com/marketplace/actions/run-golangci-lint-with-reviewdog

15
開発環境を整える

```
enable:
  - goimports
  - deadcode
  - errcheck
  - gocognit
  - gocritic
  - gocyclo
  - gofmt
  - govet
  - misspell
  - staticcheck
  - whitespace
```

　`golangci-lint` コマンドで利用できる静的解析ツールは次のURLから確認できるので、必要に応じて設定を変更してください。

　URL https://golangci-lint.run/usage/linters/

COLUMN　個人学習と継続的インテグレーション環境

　個人学習の中でもCI環境を構築してPRベースで手を動かしながら理解する(写経をする)意味は十分にあります。他人にコードを見せてレビューしてもらうことが難しい個人学習でもCI環境を用意することで静的解析やコードカバレッジからセルフフィードバックが得られます。また、コードの転記ミスなどによるバグの混入に早期に気づける利点があります。

　章ごとにPRを作って参考にしたリンクをメモしておくなどすれば、後で見返しやすいなどの効果もあります。

■ まとめ

この章では次のことを行いました。

- Dockerを使って実行環境をコンテナ化しました。
- Docker Composeを使って起動するようにしました。
- ホットリロード開発環境を構築しました。
- 「Makefile」を使ってコマンドライン操作を明文化しました。
- GitHub Actionsを使って自動テストを構築しました。
- GitHub Actionsを使って自動静的解析を構築しました。

　以上で、ローカル開発環境と継続的インテグレーション環境を構築しました。以降の章では `make up` コマンドでサーバーを起動しながら適宜動作確認をしていきます。もしうまく動いていないときは `make logs` コマンドでログを確認できます。そして手を動かしながら学習する際はぜひPRを作ってみてください。自動テストや自動静的解析の結果を確認しながらコーディングを楽しんでください。

CHAPTER 16

HTTPサーバーを疎結合な構成に変更する

前章で自動テスト環境やローカル開発環境を整えたのでアプリケーションコードの実装を再開します。本章ではより実用的な「Server」構造体を定義し、「Beyond the Twelve-Factor App」の観点を適用していきます。

環境変数から設定をロードする

　ここまでのアプリケーションコードは引数からポート番号を取得していました。開発を行っているとアプリケーションコードではなく外部から指定したい情報がどんどん増えていきます。本書でもこの後、DBの接続情報やSaaSを利用するためのシークレット情報などが秘匿情報として登場します。これらをすべて実行バイナリの引数で指定するのは指定の順序ミスなどを誘発する恐れもあります。

　環境変数から各情報を読み込むパッケージを追加して、設定情報を環境変数から読み込むようにします。「Beyond the Twelve-Factor App」には5番目の要素として「Configuration, Credentials, and Code」という設定値に関する観点があります。

▌「config」パッケージを実装する

　まずは環境変数を読み込む **config** パッケージを作成します。独立したパッケージにするのは **t.Setenv** メソッドを使って環境変数を操作するテストが他のテストに影響することを避けるためです。事前に **go get** コマンドで **github.com/caarlos0/env/v6** パッケージを取得しておき、ディレクトリを作成しておきます。

▼リスト16.1　「go get」コマンドの実行

```
$ go get -u "github.com/caarlos0/env/v6"
$ mkdir config
```

　config/config.go というファイルを作成し、リスト16.2の実装を行います。**config. New** 関数は **Config** 型の値に環境変数から取得した情報を設定して返します。**os.Getenv** 関数と異なりタグによってデフォルト値を設定できます。

▼リスト16.2　「config/config.go」ファイル

```
package config

import (
  "github.com/caarlos0/env/v6"
)

type Config struct {
  Env  string `env:"TODO_ENV" envDefault:"dev"`
  Port int    `env:"PORT" envDefault:"80"`
}

func New() (*Config, error) {
  cfg := &Config{}
  if err := env.Parse(cfg); err != nil {
    return nil, err
```

▼

```
    }
    return cfg, nil
  }
```

リスト16.3は `config.New` 関数に対するテストです。 `config/config_test.go` とい
うファイルに実装します。テストコードではデフォルト値が設定されたか、設定した環境変数が
期待通り設定されているのか確認します。

▼リスト16.3 「config/config_test.go」ファイル

```
package config

import (
  "fmt"
  "testing"
)

func TestNew(t *testing.T) {
  wantPort := 3333
  t.Setenv("PORT", fmt.Sprint(wantPort))

  got, err := New()
  if err != nil {
    t.Fatalf("cannot create config: %v", err)
  }
  if got.Port != wantPort {
    t.Errorf("want %d, but %d", wantPort, got.Port)
  }
  wantEnv := "dev"
  if got.Env != wantEnv {
    t.Errorf("want %s, but %s", wantEnv, got.Env)
  }
}
```

環境変数を使って起動する

次は `config` パッケージを使って起動するようにアプリケーションコードを修正します。

まずは run 関数の中で `config` パッケージを使うようにします。リスト16.4は `main.go` に
実装された run 関数を修正した差分です。この他に `main.go` の import 文に github.
com/${GITHUB_USERNAME}/${REPO_NAME}/config パッケージを追加します。

▼リスト16.4 「config」パッケージを利用するように修正した「run」関数

```
-func run(ctx context.Context, l net.Listener) error {
+func run(ctx context.Context) error {
+    cfg, err := config.New()
+    if err != nil {
+        return err
```

```
+       }
+       l, err := net.Listen("tcp", fmt.Sprintf(":%d", cfg.Port))
+       if err != nil {
+           log.Fatalf("failed to listen port %d: %v", cfg.Port, err)
+       }
+       url := fmt.Sprintf("http://%s", l.Addr().String())
+       log.Printf("start with: %v", url)
        s := &http.Server{
```

リスト16.5のように **main** 関数は再びシンプルな実装に戻ります。

▼リスト16.5 「run」関数を呼ぶだけに戻った「main」関数

```
func main() {
  if err := run(context.Background()); err != nil {
    log.Printf("failed to terminate server: %v", err)
    os.Exit(1)
  }
}
```

▶ テストコードのメンテナンス

run 関数のシグネチャを変更したため、**TestRun** テストがコンパイルエラーになります。また、**TestRun** テスト内でリッスン可能なポート番号を動的に取得することも難しくなりました。**t.Setenv** メソッドと乱数を利用してランダムなポート番号を指定すればテストが失敗しにくくなるのですが、根本的な対応ではないため、一度、問題を先送りにします。

まず **TestRun** 関数のコンパイルエラーを解消します。そして **t.Skip** メソッドの呼び出しを追加してテストの実行をスキップするように変更しました。これらの変更を行った後の **TestRun** 関数の差分がリスト16.6です。これでいったんテストが失敗することはなくなりました。

▼リスト16.6 コンパイルエラーを解消し、テストをスキップする

```
  func TestRun(t *testing.T) {
+       t.Skip("リファクタリング中")
+
        l, err := net.Listen("tcp", "localhost:0")
        if err != nil {
            t.Fatalf("failed to listen port %v", err)
  // 中略
        ctx, cancel := context.WithCancel(context.Background())
        eg, ctx := errgroup.WithContext(ctx)
        eg.Go(func() error {
-           return run(ctx, l)
+           return run(ctx)
        })
```

▶ Docker Composeの設定変更

ローカルの実行環境で環境変数を読み込みます。リスト16.7は `docker-compose.yml`
ファイルに対して行った変更の差分です。 `TODO_ENV` という環境変数と `PORT` を指定しまし
た。起動時のポート番号を変更したつもりなので、`ports` で指定するコンテナ側のポート番
号も変更します。

▼リスト16.7　環境変数を設定してバインドするポートを変更する

```
     build:
       args:
         - target=dev
+    environment:
+      TODO_ENV: dev
+      PORT: 8080
     volumes:
       - .:/app
     ports:
-      - "18000:80"
+      - "18000:8080"
```

すでにDocker Composeでコンテナを実行していた場合は、`make down` コマンドを使っ
て終了しましょう。 `make up` コマンドを使って起動して、`make logs` コマンドでコンテナの
実行ログを確認します。 `start with: http://[::]:8080` というログが出力されてい
れば環境変数によってポート番号を変更して起動できています。

別のコマンドラインから `curl localhost:18000/hello` コマンドを実行してローカル
マシンから通信できることを確認します。

16

エコーHTTPサーバーを疎結合な構成に変更する

SECTION-061

シグナルをハンドリングする

　Webアプリケーションのサーバーとして必要な機能の1つがグレースフルシャットダウンです。サーバーもしくはコンテナが終了をすることになった場合、アプリケーションプロセスは終了シグナルを受け取ります。何らかの処理を実行中に終了シグナルを受け付けた場合、アプリケーションプロセスは処理を正しく終了させるまで終了しないことが望ましいです。

▌「signal.NotifyContext」を使ってシグナルを待機する

　Linuxのシグナルは多数ありますが、ハンドリングするのは割り込みシグナル(SIGINT)と終了シグナル(SIGTERM)です。

　アプリケーションを実行中のコマンドライン上で CTRL+C を押下した場合は割り込みシグナルがアプリケーションに送信されます。コンテナ運用環境ならば、Kubernetes[1]、Amazon ECS[2]やGoogle Cloud Run[3]などの環境では外部からコンテナに終了指示として終了シグナル(SIGTERM)が送信されます。

　リスト16.8はシグナルを受け取ったらグレースフルシャットダウンを開始するように変更した run 関数の差分です。Go 1.15以前はチャネルを使ったやり取りを実装する必要がありましたが、Go 1.16以降は os/signal パッケージに追加された signal.NotifyContext 関数を利用して context.Context 型の値を経由してシグナルの受信を検知できるようになりました。 http.Server 型は Shutdown メソッドを呼ぶとグレースフルシャットダウンを開始するので、数行の変更だけでシグナルハンドリングが実現できます。

　コマンドラインで動作確認するためにハンドラーの処理へ time.Sleep(5 * time.Second) を追加しています。

▼リスト16.8　終了シグナルを待機する「run」関数

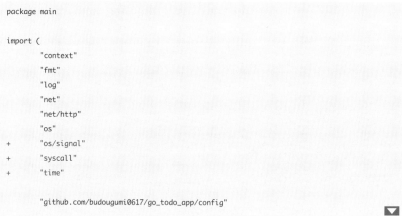

```
package main

import (
        "context"
        "fmt"
        "log"
        "net"
        "net/http"
        "os"
+       "os/signal"
+       "syscall"
+       "time"

        "github.com/budougumi0617/go_todo_app/config"
```

[1]:https://kubernetes.io/ja/docs/concepts/workloads/pods/pod-lifecycle/
[2]:https://aws.amazon.com/jp/blogs/news/graceful-shutdowns-with-ecs/
[3]:https://cloud.google.com/blog/ja/products/application-development/graceful-shutdowns-cloud-run-deep-dive

```
        "golang.org/x/sync/errgroup"
)

// main関数の宣言は省略

func run(ctx context.Context) error {
+       ctx, stop := signal.NotifyContext(ctx, os.Interrupt, syscall.SIGTERM)
+       defer stop()
        cfg, err := config.New()
        if err != nil {
                return err
        }
        l, err := net.Listen("tcp", fmt.Sprintf(":%d", cfg.Port))
        if err != nil {
            log.Fatalf("failed to listen port %d: %v", cfg.Port, err)
        }
        url := fmt.Sprintf("http://%s", l.Addr().String())
        log.Printf("start with: %v", url)
        s := &http.Server{
                // 引数で受け取ったnet.Listenerを利用するので、
                // Addrフィールドは指定しない
                Handler: http.HandlerFunc(func(w http.ResponseWriter, r *http.Request) {
+                       // コマンドラインで実験するため
+                       time.Sleep(5 * time.Second)
                        fmt.Fprintf(w, "Hello, %s!", r.URL.Path[1:])
```

▶ コマンドラインから中断してみる

　実際にシグナルを受け取ったときどうなるのか動作確認してみます。

　開発環境用のコンテナイメージは **air** コマンドで動いているので、**make build** コマンドでデプロイ用のコンテナイメージを作成します。 **make up** コマンドで実行する開発環境用のコンテナと異なる28000番ポートを指定して **docker run** コマンドを使って動作確認用のコンテナを起動します。ハンドラーの処理に5秒のスリープを入れてあるので、別のコマンドラインから時間計測のための **time** コマンドと合わせて **time curl -i localhost:28000/hello** コマンドを実行します。5秒経過する前に **CTRL+C** で **docker run** コマンドを中断してみます。

▼リスト16.9　「make build」コマンドの実行

```
$ make build
docker build -t budougumi0617/gotodo:latest \
                --target deploy ./
[+] Building 7.5s (17/17) FINISHED

$ docker run -p 28000:80 budougumi0617/gotodo:latest
2022/05/28 08:02:29 start with: http://[::]:80
```

157

シグナルハンドリングを実装した後は、アプリケーションはレスポンスを返してから終了します。

▼リスト16.10　シグナルハンドリングの実装後

```
# signal.NotifyContext使用の場合
$ time curl -i localhost:28000/hello
HTTP/1.1 200 OK
Date: Sun, 29 May 2022 01:09:47 GMT
Content-Length: 13
Content-Type: text/plain; charset=utf-8
Connection: close

Hello, hello!curl -i localhost:28000/hello  0.00s user 0.01s system 0% cpu 5.025 total
```

signal.NotifyContext 関数を使った実装がない状態で同様の操作をすると、サーバーは何もレスポンスを返さず終了してしまいます。該当部分をコメントアウトして後、**make build** コマンド、**docker　run** コマンドを再実行すれば検証できるので、挙動の違いを確認してみてください。

▼リスト16.11　挙動の違いの確認

```
# signal.NotifyContext未使用の場合
$ time curl -i localhost:28000/hello
curl: (52) Empty reply from server
curl -i localhost:28000/hello  0.00s user 0.01s system 0% cpu 2.317 total
```

「Server」構造体を定義する

　run 関数の内部で行う処理が多くなってきました。今後はさらにエンドポイントごとのHTTP ハンドラーの実装やルーティングの定義も増えてきます。 main_test.go に書いた run 関数のテストもスキップしたままなので、 Server 型を作りHTTPサーバーに関わる部分を分割します。

　リスト16.12は http.Server 型をラップした独自定義の Server 型です。 server.go ファイルに実装します。型の値を初期化するための NewServer 関数も用意しておきます。動的に選択したポートをリッスンするために net.Listener 型の値を引数で受け取ります。また、ルーティングの設定も引数で受け取るようにすることで Server 型からの責務からHTTPサーバーのルーティングを取り除きます。

▼リスト16.12　「Server」型

```
package main

import (
  "context"
  "log"
  "net"
  "net/http"
  "os"
  "os/signal"
  "syscall"

  "golang.org/x/sync/errgroup"
)

type Server struct {
  srv *http.Server
  l   net.Listener
}

func NewServer(l net.Listener, mux http.Handler) *Server {
  return &Server{
    srv: &http.Server{Handler: mux},
    l:   l,
  }
}
```

server.go ファイルには Server 型の Run メソッドも実装します。リスト16.13が Run メソッドの定義です。処理の内容はほとんど run 関数で実装していたHTTPサーバーの起動処理と同じです。

▼リスト16.13 「run」関数の処理を移植した「Run」関数

```go
func (s *Server) Run(ctx context.Context) error {
    ctx, stop := signal.NotifyContext(ctx, os.Interrupt, syscall.SIGTERM)
    defer stop()
    eg, ctx := errgroup.WithContext(ctx)
    eg.Go(func() error {
        // http.ErrServerClosed は
        // http.Server.Shutdown() が正常に終了したことを示すので異常ではない
        if err := s.srv.Serve(s.l); err != nil &&
            err != http.ErrServerClosed {
            log.Printf("failed to close: %+v", err)
            return err
        }
        return nil
    })

    <-ctx.Done()
    if err := s.srv.Shutdown(context.Background()); err != nil {
        log.Printf("failed to shutdown: %+v", err)
    }
    // グレースフルシャットダウンの終了を待つ
    return eg.Wait()
}
```

Run メソッドのテストコードとして run 関数のために用意していた TestRun 関数を再利用します。

リスト16.14は main_test.go を Server.Run メソッド用のテストコードに修正したときの差分です。テストの実行には支障ありませんが、人が server.go ファイルのためのテストコードだとわかりやすくするために main_test.go をリネームして server_test.go というファイル名に変更します。

▼リスト16.14 「main_test.go」をリネームして修正した「server_test.go」

```go
        "golang.org/x/sync/errgroup"
 )

-func TestRun(t *testing.T) {
-       t.Skip("リファクタリング中")
-
+func TestServer_Run(t *testing.T) {
        l, err := net.Listen("tcp", "localhost:0")
        if err != nil {
                t.Fatalf("failed to listen port %v", err)
```

▼

```
      }
      ctx, cancel := context.WithCancel(context.Background())
      eg, ctx := errgroup.WithContext(ctx)
+     mux := http.HandlerFunc(func(w http.ResponseWriter, r *http.Request) {
+           fmt.Fprintf(w, "Hello, %s!", r.URL.Path[1:])
+     })
+
      eg.Go(func() error {
-           return run(ctx)
+           s := NewServer(l, mux)
+           return s.Run(ctx)
```

ルーティング定義を分離した「NewMux」を定義する

　Server 型には run 関数の中で行っていたHTTPハンドラーの定義は実装しませんでした。

　どのようなハンドラーの実装をどんなURLパスで公開するかルーティングする NewMux 関数を実装します。 mux.go ファイルにリスト16.15のように実装したのが NewMux 関数です。戻り値を *http.ServeMux 型の値ではなく、http.Handler インターフェースにしておくことで内部実装に依存しない関数シグネチャになります。 NewMux 関数が返すルーティングではHTTPサーバーが稼働中か確認するための /health エンドポイントを1つ宣言してあります。

　コンテナ実行環境の多くではコンテナをいつ再起動するかの判断条件として指定されたエンドポイントをポーリングするルールがあります[4][5]。

▼リスト16.15 「NewMux」関数

```
package main

import "net/http"

func NewMux() http.Handler {
  mux := http.NewServeMux()
  mux.HandleFunc("/health", func(w http.ResponseWriter, r *http.Request) {
    w.Header().Set("Content-Type", "application/json; charset=utf-8")
    // 静的解析のエラーを回避するため明示的に戻り値を捨てている
    _, _ = w.Write([]byte(`{"status": "ok"}`))
  })
  return mux
}
```

||| 「httptest」パッケージを使ったテスト

　mux_test.go に用意する NewMux 関数で定義したルーティングが意図通りかテストするためのコードがリスト16.16です。 TestNewMux 関数では httptest パッケージを使って ServeHTTP 関数の引数に渡すためのモックを生成します。

　httptest.NewRecorder 関数を使うと ResponseWriter インターフェースを満たす *ResponseRecorder 型の値を取得できます。 *ResponseRecorder 型の値を Serve HTTP 関数に渡した後に Result メソッドを実行すると、クライアントが受け取るレスポンス内容が含まれる http.Response 型の値を取得できます。 httptest.NewRequest 関数は同様にテスト用の *http.Request 型の値を生成します。

[4]:https://kubernetes.io/ja/docs/tasks/configure-pod-container/configure-liveness-readiness-startup-probes/
[5]:https://docs.aws.amazon.com/ja_jp/AWSCloudFormation/latest/UserGuide/aws-properties-ecs-taskdefinition-healthcheck.html

　　httptest.NewRecorder 関数と httptest.NewRequest 関数を利用することで
GoではHTTPサーバーを起動しなくても簡単にHTTPハンドラーに対するテストコードを作成
できます。

▼リスト16.16　「httptest」パッケージを使った擬似的なHTTPリクエストのテスト

```go
package main

import (
  "io"
  "net/http"
  "net/http/httptest"
  "testing"
)

func TestNewMux(t *testing.T) {
  w := httptest.NewRecorder()
  r := httptest.NewRequest(http.MethodGet, "/health", nil)
  sut := NewMux()
  sut.ServeHTTP(w, r)
  resp := w.Result()
  t.Cleanup(func() { _ = resp.Body.Close() })

  if resp.StatusCode != http.StatusOK {
    t.Error("want status code 200, but", resp.StatusCode)
  }
  got, err := io.ReadAll(resp.Body)
  if err != nil {
    t.Fatalf("failed to read body: %v", err)
  }

  want := `{"status": " ok"}`
  if string(got) != want {
    t.Errorf("want %q, but got %q", want, got)
  }
}
```

「run」関数を再度リファクタリングする

最後に、**Server** 型と **NewMux** 関数を使って **run** 関数をリファクタリングします。

リスト16.17のように書き直した **run** 関数では、リファクタリング前に実装されたロジックが他の関数や型に委譲されました。

▼リスト16.17　再びリファクタリングした「run」関数

```go
func run(ctx context.Context) error {
  cfg, err := config.New()
  if err != nil {
    return err
  }
  l, err := net.Listen("tcp", fmt.Sprintf(":%d", cfg.Port))
  if err != nil {
    log.Fatalf("failed to listen port %d: %v", cfg.Port, err)
  }
  url := fmt.Sprintf("http://%s", l.Addr().String())
  log.Printf("start with: %v", url)
  mux := NewMux()
  s := NewServer(l, mux)
  return s.Run(ctx)
}
```

NewMux 関数で定義した **/health** エンドポイントへリクエストを送信してHTTPサーバーが正常に起動していることを確認します。

▼リスト16.18　動作の確認

```
$ curl localhost:18000/health
{"status": "ok"}
```

▊▊▊ まとめ

この章では次のことを行いました。

- 設定情報を環境変数から読み込む機能を実装しました。
- 終了シグナルを受信したときに行うグレースフルシャットダウンを実装しました。
- 「Server」型にHTTPサーバーの起動手順をまとめました。
- ルーティング定義を「NewMux」関数に抽出しました。
- 「httptest」パッケージを使ったHTTPハンドラーのテストコードを作成しました。

CHAPTER 17

エンドポイントを
追加する

　本章ではTODOアプリケーションのタスクに関連する
エンドポイントのプロトタイプを実装します。
　最初からRDBMSを使った永続化まで行うと作業量が
多くなるため、まずはインメモリにデータを保存します。
　なお、ファイルも増えてきたため、本章では初めから
いくつかの型や関数をサブパッケージとして実装します。

SECTION-065

「entity.Task」型の定義と永続化方法の仮実装

まずはTODOアプリケーションで扱うタスクを型として定義します。

リスト17.1は新たに作成した **entity** パッケージに配置した **Task** 型です。 **Task** 型では **ID** フィールドと **Status** フィールドにDefined Typeを使って独自の型を定義しています。

独自の型を使うとリスト17.2のように誤った代入を防ぐことができます。 **A** 型の **ID** を使って **B** 型を探索してしまうなどの誤使用を防ぐことができます。

▼リスト17.1　「entity/task.go」に宣言したタスクの実装

```go
package entity

import "time"

type TaskID int64
type TaskStatus string

const (
    TaskStatusTodo  TaskStatus = "todo"
    TaskStatusDoing TaskStatus = "doing"
    TaskStatusDone  TaskStatus = "done"
)

type Task struct {
    ID      TaskID     `json:"id"`
    Title   string     `json:"title"`
    Status  TaskStatus `json:"status"`
    Created time.Time  `json:"created"`
}

type Tasks []*Task
```

▼リスト17.2　Defined Typeを使って誤代入を防ぐ

```go
func main() {
    var id int = 1
    // TaskID型に変換してから代入しているので問題なし
    _ = Task{ID: TaskID(id)}
    // ビルドエラー
    // cannot use id (variable of type int) as type TaskID in struct literal
    _ = Task{ID: id}

    // 型推論でTaskID型の1になるのでビルドエラーは発生しない
    _ = Task{ID: 1}
}
```

17 エンドポイントを追加する

166

COLUMN	Defined Typeと型推論（Type inference）

　　リスト17.2の3つ目の例の _ = Task{ID: 1} はビルドエラーになりません。これは**型推論（Type inference）**の作用です。型推論によってコンパイラが「 TaskID 型の ID フィールドが 1 で初期化されているので 1 は TaskID 型の 1 だな」と解釈しています。「 TaskID 型のフィールドが int 型の 1 で初期化できた」ということではありません。

▌▌▌「entity.Task」の永続化方法の仮実装

　　リスト17.3は entity.Task 型の値を永続化する仮実装です。store ディレクトリに store.go として保存します。アプリケーションを起動し直すと揮発して消えてしまいますが、まずロジックの動作確認をするためにマップで保存しておきます。

　　Task.ID フィールドは本実装ではRDBMSによってオートインクリメントした値を設定する想定のため、TaskStore 型は内部に発行済のID番号を保存しています。

▼リスト17.3　「store/store.go」に実装したタスクの簡易管理方法

```
package store

import (
    "errors"

    "github.com/budougumi0617/go_todo_app/entity"
)

var (
    Tasks = &TaskStore{Tasks: map[int]*entity.Task{}}

    ErrNotFound = errors.New("not found")
)

type TaskStore struct {
    // 動作確認用の仮実装なのであえてexportしている。
    LastID entity.TaskID
    Tasks  map[entity.TaskID]*entity.Task
}

func (ts *TaskStore) Add(t *entity.Task) (int, error) {
    ts.LastID++
    t.ID = ts.LastID
    ts.Tasks[t.ID] = t
    return t.ID, nil
}

// All はソート済みのタスク一覧を返す
func (ts *TaskStore) All() entity.Tasks {
```

```go
    tasks := make([]*entity.Task, len(ts.Tasks))
    for i, t := range ts.Tasks {
        tasks[i-1] = t
    }
    return tasks
}
```

ヘルパー関数を実装する

　これからいくつか作成するHTTPハンドラーの実装では「レスポンスデータをJSONに変換してステータスコードと一緒に **http.ResponseWriter** インターフェースを満たす型の値に書き込む」という同じような処理を繰り返し行う必要があります。HTTPハンドラーの実装を共通化するために事前にヘルパー関数を実装しておきます。

　リスト17.4の **RespondJSON** 関数はJSONのレスポンスを書き込むヘルパー関数です。**Err Response** 型は統一したJSONフォーマットでエラー情報を返すための型です。

▼リスト17.4　HTTPハンドラー中で面倒なJSONレスポンス作成を簡略化

```go
package handler

import (
  "context"
  "encoding/json"
  "fmt"
  "log"
  "net/http"
)

type ErrResponse struct {
  Message string   `json:"message"`
  Details []string `json:"details,omitempty"`
}

func RespondJSON(ctx context.Context, w http.ResponseWriter, body any, status int) {
  w.Header().Set("Content-Type", "application/json; charset=utf-8")
  bodyBytes, err := json.Marshal(body)
  if err != nil {
    w.WriteHeader(http.StatusInternalServerError)
    rsp := ErrResponse{
      Message: http.StatusText(http.StatusInternalServerError),
    }
    if err := json.NewEncoder(w).Encode(rsp); err != nil {
      fmt.Printf("write error response error: %v", err)
    }
    return
  }

  w.WriteHeader(status)
  if _, err := fmt.Fprintf(w, "%s", bodyBytes); err != nil {
    fmt.Printf("write response error: %v", err)
  }
}
```

■■■ テスト用のヘルパー関数を実装する

　HTTPハンドラーのテストで利用する検証手順も共通のヘルパー関数にしておきます。リスト
17.5は **testutil** ディレクトリの下に保存する **handler.go** ファイルの実装です。HTTPハ
ンドラーのテストでレスポンスと期待値のJSONを比較してテスト結果を検証します。

　大きなJSON構造を文字列として比較すると、どこに差異があるかひと目でわかりにくいで
す。そのため、**AssertJSON** 関数ではJSON文字列を **Unmarshal** した後、**github.
com/google/go-cmp/cmp** パッケージ[1]を使った差分比較で検証を行っています。**cmp.
Diff** 関数を利用すると、型の値同士の間で差分のあるところだけ検出できます。

▼リスト17.5　JSONレスポンスを検証するためのヘルパー関数

```go
package testutil

import (
	"encoding/json"
	"io"
	"net/http"
	"os"
	"testing"

	"github.com/google/go-cmp/cmp"
)

func AssertJSON(t *testing.T, want, got []byte) {
	t.Helper()

	var jw, jg any
	if err := json.Unmarshal(want, &jw); err != nil {
		t.Fatalf("cannot unmarshal want %q: %v", want, err)
	}
	if err := json.Unmarshal(got, &jg); err != nil {
		t.Fatalf("cannot unmarshal got %q: %v", got, err)
	}
	if diff := cmp.Diff(jg, jw); diff != "" {
		t.Errorf("got differs: (-got +want)\n%s", diff)
	}
}

func AssertResponse(t *testing.T, got *http.Response, status int, body []byte) {
	t.Helper()
	t.Cleanup(func() { _ = got.Body.Close() })
	gb, err := io.ReadAll(got.Body)
	if err != nil {
		t.Fatal(err)
	}
	if got.StatusCode != status {
```

[1]:https://github.com/google/go-cmp

```
    t.Fatalf("want status %d, but got %d, body: %q", status, got.StatusCode, gb)
  }

  if len(gb) == 0 && len(body) == 0 {
    // 期待としても実体としてもレスポンスボディがないので
    // AssertJSONを呼ぶ必要はない
    return
  }
  AssertJSON(t, body, gb)
}
```

　testutil/handler.go ファイルにはリスト17.6の LoadFile 関数も定義しておきます。こちらは後述するゴールデンテストで利用する関数です。

▼リスト17.6　入力値・期待値をファイルから取得する

```
func LoadFile(t *testing.T, path string) []byte {
  t.Helper()

  bt, err := os.ReadFile(path)
  if err != nil {
    t.Fatalf("cannot read from %q: %v", path, err)
  }
  return bt
}
```

SECTION-067

タスクを登録するエンドポイントの実装

それではTODOアプリケーションにタスクを登録するHTTPハンドラーを実装します。この
HTTPハンドラーは次の利用を想定します。

- 「POST /tasks」へのリクエストを処理する
- タスクのタイトルを含んだ「JSON」リクエストボディを必須とする
- タスクが登録成功したら発行したタスクの「ID」をレスポンスボディで返す

リスト17.7は **handler** ディレクトリに作成した **add_task.go** ファイルの実装です。 **Add
Task** 型は **http.HandlerFunc** 型を満たす **ServeHTTP** メソッドを実装しています。

リクエストの処理が正常が完了する場合、**RespondJSON** を使ってJSONレスポンスを返
しています。何らかのエラーがあった場合は、**ErrResponse** 型に情報を含めて **Respond
JSON** を使ってJSONレスポンスを返しています。

▼リスト17.7 「handler/add_task.go」のタスクを追加する実装

```
package handler

import (
  "encoding/json"
  "net/http"
  "time"

  "github.com/budougumi0617/go_todo_app/entity"
  "github.com/budougumi0617/go_todo_app/store"
  "github.com/go-playground/validator/v10"
)

type AddTask struct {
  Store     *store.TaskStore
  Validator *validator.Validate
}

func (at *AddTask) ServeHTTP(w http.ResponseWriter, r *http.Request) {
  ctx := r.Context()
  var b struct {
    Title string `json:"title" validate:"required"`
  }
  if err := json.NewDecoder(r.Body).Decode(&b); err != nil {
    RespondJSON(ctx, w, &ErrResponse{
      Message: err.Error(),
    }, http.StatusInternalServerError)
    return
```

▼

17

エンドポイントを追加する

172

```
  }                                                              ▼
  err := at.Validator.Struct(b)
  if err != nil {
    RespondJSON(ctx, w, &ErrResponse{
      Message: err.Error(),
    }, http.StatusBadRequest)
    return
  }

  t := &entity.Task{
    Title:   b.Title,
    Status:  entity.TaskStatusTodo,
    Created: time.Now(),
  }
  id, err := store.Tasks.Add(t)
  if err != nil {
    RespondJSON(ctx, w, &ErrResponse{
      Message: err.Error(),
    }, http.StatusInternalServerError)
    return
  }
  rsp := struct {
    ID int `json:"id"`
  }{ID: id}
  RespondJSON(ctx, w, rsp, http.StatusOK)
}
```

▍リクエストボディの検証

　このHTTPハンドラーではタスクのタイトルを含んだ **JSON** リクエストボディを必須としていました。リクエストボディの内容を検証するために、リクエストボディをUnmarshalした型の値に対して **if** 文を繰り返して検証する方法もあります。しかし、JSONの構造が巨大だったり、JSONの各フィールドの条件が複雑だった場合、JSONの検証だけでかなりの実装が必要になりますし、実装漏れも懸念されます。

　ここでよく利用されるのが **github.com/go-playground/validator** パッケージ[2]です。**github.com/go-playground/validator** パッケージは **Unmarshal** する型にタグとして **validate** というキーでそのフィールドに課す検証条件を設定できます。設定した条件は ***validator.Validate.Struct** メソッドで検証できます。定義済みの条件[3]も多数あり、「IPアドレスとして有効か」「電話番号として有効か」といった検証も簡単に定義できます。

　リスト17.7ではタスクのタイトルが必須要素となるため、**Title string `json:"title"**
validate:"required"` と設定しています。

---

[2]:https://github.com/go-playground/validator
[3]:https://github.com/go-playground/validator#baked-in-validations

テーブルドリブンテストとゴールデンテストを組み合わせたテストコード

リスト17.7に対して実装したテストコードがリスト17.8です。 **TestAddTask** 関数は **http test** パッケージを使ってHTTPハンドラーの実装に対して擬似的にリクエストを送信してテストを行っています。 **tests** 変数で複数のテストデータを宣言し、**t.Run** メソッドでサブテストを実行しています。複数の入力や期待値の組み合わせを共通化した実行手順で実行させるテストの実装パターンをGoでは**テーブルドリブンテスト**（Table Driven Test）[4]と呼びます[5]。

テストの入出力にはリスト17.6で実装した **testutil.LoadFile** 関数を使ってファイルから読み込んだJSONデータを利用しています。このようなテストの入力や期待値を別ファイルとして保存したテストのことを**ゴールデンテスト**と呼びます。Go本体のテストでも利用されています。テストコードとは別に保存するデータはたとえばデータだとすれば ***.json.golden** というファイル名で保存するのが通例です。そのファイル拡張子からゴールデンテストと呼びます。

オリジナルのブログ記事[6]ではVCRテスト[7]のようにテスト対象の変更に応じてファイル内容を更新する処理も組み込まれています。

▼リスト17.8　ファイルを使った入出力の検証

```go
package handler

import (
  "bytes"
  "net/http"
  "net/http/httptest"
  "testing"

  "github.com/budougumi0617/go_todo_app/entity"
  "github.com/budougumi0617/go_todo_app/store"
  "github.com/budougumi0617/go_todo_app/testutil"
  "github.com/go-playground/validator/v10"
)

func TestAddTask(t *testing.T) {
  t.Parallel()
  type want struct {
    status  int
    rspFile string
  }
  tests := map[string]struct {
    reqFile string
```

[4]:https://go.dev/wiki/TableDrivenTests
[5]:Pythonなどの他のプログラミング言語にも類似手法としてParameterized Testが存在します。
[6]:https://medium.com/soon-london/testing-with-golden-files-in-go-7fccc71c43d3
[7]:あるリクエストと実測したレスポンスの組み合わせを保存してテストの入力と期待値に用いる、Ruby発祥のテスト手法です。リクエストとレスポンスの保存をビデオカセットレコーダ（VideoCassette Recorder）にたとえています（https://github.com/vcr/vcr）。

```
    want    want
}{
  "ok": {
    reqFile: "testdata/add_task/ok_req.json.golden",
    want: want{
      status:  http.StatusOK,
      rspFile: "testdata/add_task/ok_rsp.json.golden",
    },
  },
  "badRequest": {
    reqFile: "testdata/add_task/bad_req.json.golden",
    want: want{
      status:  http.StatusBadRequest,
      rspFile: "testdata/add_task/bad_req_rsp.json.golden",
    },
  },
}
for n, tt := range tests {
  tt := tt
  t.Run(n, func(t *testing.T) {
    t.Parallel()

    w := httptest.NewRecorder()
    r := httptest.NewRequest(
      http.MethodPost,
      "/tasks",
      bytes.NewReader(testutil.LoadFile(t, tt.reqFile)),
    )

    sut := AddTask{
      Store: &store.TaskStore{
        Tasks: map[entity.TaskID]*entity.Task{},
      },
      Validator: validator.New(),
    }
    sut.ServeHTTP(w, r)

    resp := w.Result()
    testutil.AssertResponse(t,
      resp, tt.want.status, testutil.LoadFile(t, tt.want.rspFile),
    )
  })
}
}
```

17

エンドポイントを追加する

▼リスト17.9　ゴールデンテストで利用しているJSONファイルの中身

```
// handler/testdata/add_task/ok_req.json.goldenの中身
{
  "title": "Implement a handler"
}


handler/testdata/add_task/ok_rsp.json.goldenの中身
{
  "id": 1
}


// handler/testdata/add_task/bad_req.json.goldenの中身
{
  "titke": "Implement a handler"
}


// handler/testdata/add_task/bad_req_rsp.json.goldenの中身
{
  "message": "Key: 'Title' Error:Field validation for 'Title' failed on the 'required' tag"
}
```

COLUMN　「*.golden」ファイルの扱い

　ゴールデンファイル利用時に困るのが ***.golden** というファイル拡張子だとIDEが適切にデータ形式を解釈してくれないことです。これはIDEの設定により対応できます。

　GoLandなどのJetBrains系のIDEは ***.json.golden** というファイル拡張子を登録しておくことでJSONファイルとして認識させることができます。これにより ***.json.golden** というファイル名でもIDEによるJSONデータに対するフォーマットやシンタックスハイライトの支援を享受できます。

　詳しい設定方法は@hgsgtk[8]さんのブログ記事[9]を参考にしてください。

---

[8]:https://twitter.com/hgsgtk
[9]:https://khigashigashi.hatenablog.com/entry/2019/04/27/150230

17
エンドポイントを追加する

タスクを一覧するエンドポイントの実装

タスク一覧をレスポンスに返すHTTPハンドラーの実装として **ListTask** 型を用意します。このHTTPハンドラーは次の利用を想定します。

- 「GET /tasks」へのリクエストを処理する
- 登録済みのすべてのタスクを一覧して返す

handler/list_task.go として実装するのがリスト17.10の実装です[10]。 **store.TaskStore** 型に保存されている ***entity.Task** 型の値をすべてレスポンスに返します。

▼リスト17.10　タスクを一覧するHTTPハンドラーの実装

```go
package handler

import (
  "net/http"

  "github.com/budougumi0617/go_todo_app/entity"
  "github.com/budougumi0617/go_todo_app/store"
)

type ListTask struct {
  Store *store.TaskStore
}

type task struct {
  ID     entity.TaskID     `json:"id"`
  Title  string            `json:"title"`
  Status entity.TaskStatus `json:"status"`
}

func (lt *ListTask) ServeHTTP(w http.ResponseWriter, r *http.Request) {
  ctx := r.Context()
  tasks := lt.Store.All()
  rsp := []task{}
  for _, t := range tasks {
    rsp = append(rsp, task{
      ID:     t.ID,
      Title:  t.Title,
      Status: t.Status,
    })
  }
  RespondJSON(ctx, w, rsp, http.StatusOK)
}
```

[10]:テストコードはサンプルリポジトリを参照してください。

17
エンドポイントを追加する

HTTPハンドラーをルーティングに設定する

　ここまでで実装した **AddTask** 型と **ListTask** 型のHTTPハンドラーをHTTPサーバーのエンドポイントとして設定します。

　ここで問題になるのが標準パッケージの **http.ServeMux** 型のルーティング設定の表現力の乏しさです。 **http.ServeMux** 型を使ったルーティングの場合、次のようなルーティングの定義が難しいです[11]。

- 「/users/10」のようなURLに含まれたパスパラメータの解釈
- 「GET /users」と「POST /users」といったHTTPメソッドの違いによるHTTPハンドラーの実装の切替

　そのため、OSSを利用したルーティングの実装に変更します。

▮ 「github.com/go-chi/chi」を使った柔軟なルーティング設定

　Goにはルーティングのみの機能を提供するOSSがいくつかあります。本書では **net/http** パッケージの型定義に準拠している **github.com/go-chi/chi** パッケージ[12]を使います。事前に **go get -u github.com/go-chi/chi/v5** を実施しておきます。

　リスト17.11は **mux.go** ファイルに実装した **NewMux** 関数を **github.com/go-chi/chi** パッケージを使って再実装したコードです。 **chi.NewRouter** 関数で取得できる ***chi.Mux** 型の値は **http.Handler** インターフェースを満たすので、**NewMux** 関数の関数シグネチャを変更せずに内部実装を変更できます。 **AddTask** 型と **ListTask** 型の値で永続化情報を共有するため、初期化時に **store.Tasks** を渡しています。

　*chi.Mux.Post メソッドや ***chi.Mux.Get** メソッドは第1引数とメソッド名に対応するHTTPメソッドの組み合わせに対するリクエストを第1引数の **http.HandleFunc** 型の値で処理します。 **AddTask** 型と **ListTask** 型の **ServeHTTP** メソッドは **http.HandleFunc** 型とシグネチャがマッチしているので ***chi.Mux** 型の値の各メソッドで利用できます。

▼リスト17.11　「github.com/go-chi/chi」パッケージを使った「NewMux」関数の再実装

```
package main

import (
  "net/http"

  "github.com/budougumi0617/go_todo_app/handler"
  "github.com/budougumi0617/go_todo_app/store"
  "github.com/go-chi/chi/v5"
  "github.com/go-playground/validator/v10"
)
```

▼

---

[11]:できなくはないのですが、リクエストのURLの地道なパースを実装することになります。
[12]:https://github.com/go-chi/chi

```go
func NewMux() http.Handler {
  mux := chi.NewRouter()
  mux.HandleFunc("/health", func(w http.ResponseWriter, r *http.Request) {
    w.Header().Set("Content-Type", "application/json; charset=utf-8")
    _, _ = w.Write([]byte(`{"status": "ok"}`))
  })
  v := validator.New()
  at := &handler.AddTask{Store: store.Tasks, Validator: v}
  mux.Post("/tasks", at.ServeHTTP)
  lt := &handler.ListTask{Store: store.Tasks}
  mux.Get("/tasks", lt.ServeHTTP)
  return mux
}
```

動作の検証

　最後に `curl` コマンドを使って動作確認しましょう。テスト用の入力ファイルをリクエストボディに使えばテストコードと同じ条件で動作確認できます。`GET /tasks` と `POST /tasks` へのリクエストを繰り返しタスクが保存できていることを確認できました。

▼リスト17.12　動作確認

```
$ curl -i -XGET localhost:18000/tasks
HTTP/1.1 200 OK
Content-Type: application/json; charset=utf-8
Date: Mon, 30 May 2022 02:27:46 GMT
Content-Length: 2

[]%
$ curl -i -XPOST localhost:18000/tasks -d @./handler/testdata/add_task/ok_req.json.golden
HTTP/1.1 200 OK
Content-Type: application/json; charset=utf-8
Date: Mon, 30 May 2022 02:27:54 GMT
Content-Length: 8

{"id":1}%
$ curl -i -XPOST localhost:18000/tasks -d @./handler/testdata/add_task/bad_req.json.golden
HTTP/1.1 400 Bad Request
Content-Type: application/json; charset=utf-8
Date: Mon, 30 May 2022 02:28:02 GMT
Content-Length: 90

{"message":"Key: 'Title' Error:Field validation for 'Title' failed on the 'required' tag"}%
$ curl -i -XGET localhost:18000/tasks
HTTP/1.1 200 OK
Content-Type: application/json; charset=utf-8
Date: Mon, 30 May 2022 02:28:06 GMT
Content-Length: 56

[{"id":1,"title":"Implement a handler","status":"todo"}]%
```

▌▌▌まとめ

　本章ではタスクを追加するHTTPハンドラーの実装を通してJSONを介したAPI実装とその
テストコードの例を示し、次のことを学習しました。

- ● JSONオブジェクトを受け取るエンドポイントを実装しました。
- ● リクエストのJSONオブジェクトのバリデーションを実装しました。
- ● Defined typeを使って値の取り間違いを防ぐように実装しました。
- ● いくつかのテストヘルパーを実装しました。
- ● 入力や期待値をファイルで保存するゴールデンテストを実装しました。

　軽量なOSSを組み合わせることで柔軟なルーティングやJSONのバリデーションを実装でき
ます。また、簡単なテストヘルパー関数と map やスライスを組み合わせるだけで効率的なテス
トケースを作成できます。

17
エンドポイントを追加する

CHAPTER 18

RDBMSを使った
データの永続化処理
の実装

前章で実装したHTTPハンドラーの実装はデータの永続化に関してはインメモリに保存するだけの簡易的な実装でした。

この章ではRDBMSを使ってデータの永続化を行う本実装をします。本書ではRDBMSとしてMySQLを利用します。

SECTION-072

MySQL実行環境の構築

　RDBMSを操作する実装を始める前に、最初にMySQLコンテナを起動して実際に動作確認ができる環境を整えます。

■ テーブル定義とマイグレーション方法の決定

　テーブル定義はあらかじめ用意したリスト18.1を `_tools/mysql/schema.sql` ファイルに保存しておきます。 `task` テーブルは前章より実装で利用している `entity.Task` 型に対応するテーブルです。本章の後半で実装するログインユーザーを永続化するためのテーブルとして `user` テーブルも定義します。

　なお、Goはアンダースコアで名前が始まるディレクトリおよび `testdata` という名前のディレクトリをパッケージとして認識しません。

▼リスト18.1　「user」テーブルと「task」テーブル

```
CREATE TABLE `user`
(
    `id`       BIGINT UNSIGNED NOT NULL AUTO_INCREMENT COMMENT 'ユーザーの識別子',
    `name`     varchar(20) NOT NULL COMMENT 'ユーザー名',
    `password` VARCHAR(80) NOT NULL COMMENT 'パスワードハッシュ',
    `role`     VARCHAR(80) NOT NULL COMMENT 'ロール',
    `created`  DATETIME(6) NOT NULL COMMENT 'レコード作成日時',
    `modified` DATETIME(6) NOT NULL COMMENT 'レコード修正日時',
    PRIMARY KEY (`id`),
    UNIQUE KEY `uix_name` (`name`) USING BTREE
) Engine=InnoDB DEFAULT CHARSET=utf8mb4 COMMENT='ユーザー';

CREATE TABLE `task`
(
    `id`       BIGINT UNSIGNED NOT NULL AUTO_INCREMENT COMMENT 'タスクの識別子',
    `title`    VARCHAR(128) NOT NULL COMMENT 'タスクのタイトル',
    `status`   VARCHAR(20)  NOT NULL COMMENT 'タスクの状態',
    `created`  DATETIME(6) NOT NULL COMMENT 'レコード作成日時',
    `modified` DATETIME(6) NOT NULL COMMENT 'レコード修正日時',
    PRIMARY KEY (`id`)
) Engine=InnoDB DEFAULT CHARSET=utf8mb4 COMMENT='タスク';
```

▶ マイグレーションツール

　実務では一度、定義したテーブル定義をそのまま使い続けることはほとんどありません。機能拡張や不具合修正を経てマイグレーションを行います。

　Webアプリケーションフレームワークを使っている場合はそのフレームワークの標準マイグレーションツールを利用することが多いでしょう。Goでは標準パッケージやGo自体にRDBMSのマイグレーションを管理する機能は提供されていないので、OSSを利用することになります。

本書ではマイグレーションツールとして **github.com/k0kubun/sqldef** パッケージの
MySQL用のコマンドである **mysqldef** コマンドを利用します[1]。 github.com/k0kubun/
sqldef パッケージは適用したいDDLファイルとRDBMS上に構築済みのテーブル定義の差
分から自動的に更新用のDDL文を作成・実行してくれるため、マイグレーションのたびにDDL
ファイルを書く必要がないのが魅力です。

github.com/k0kubun/sqldef パッケージの **mysqldef** コマンドはGo製のツールの
ため、**go install** コマンドでインストールできます。

▼リスト18.2 「go install」コマンドの実行

```
$ go install github.com/k0kubun/sqldef/cmd/mysqldef@latest
```

ローカルマシン上でMySQLコンテナを起動する

次にDocker Composeを使ってローカルマシン上でMySQLコンテナを起動します。

まずリスト18.3に記載した **_tools/mysql/conf.d/mysql.cnf** と **_tools/mysql/
conf.d/mysqld.cnf** という設定ファイルを用意しておきます。次にリスト18.4に示した差分
のように **docker-compose.yml** を更新します。アプリケーションが環境変数からMySQL
コンテナへの接続設定を取得できるように、**app** サービスの **environment** へ **TODO_DB_
HOST** といったMySQLコンテナへの接続情報を定義しておきます。

リスト18.4の定義では **volumes** で定義した **todo-db-data** に対して永続化データを保
存するため、**docker compose down** コマンドでコンテナを停止しても次回起動時に永続
化データを再度利用できます。

▼リスト18.3 MySQLコンテナ用の設定ファイル

```
// _tools/mysql/conf.d/mysql.cnf
[mysql]
default_character_set=utf8mb4


// _tools/mysql/conf.d/mysqld.cnf
[mysqld]
default-authentication-plugin=mysql_native_password
character_set_server=utf8mb4
sql_mode=TRADITIONAL,NO_AUTO_VALUE_ON_ZERO,ONLY_FULL_GROUP_BY
```

▼リスト18.4　MySQLコンテナの設定の追加前後を比較した「docker-compose.yml」の差分

```
      TODO_ENV: dev
      PORT: 8080
+     TODO_DB_HOST: todo-db
+     TODO_DB_PORT: 3306
+     TODO_DB_USER: todo
+     TODO_DB_PASSWORD: todo
+     TODO_DB_DATABASE: todo
    volumes:
    - .:/app
```

▼

```
      ports:
        - "18000:8080"
+   todo-db:
+     image: mysql:8.0.29
+     platform: linux/amd64
+     container_name: todo-db
+     environment:
+       MYSQL_ALLOW_EMPTY_PASSWORD: "yes"
+       MYSQL_USER: todo
+       MYSQL_PASSWORD: todo
+       MYSQL_DATABASE: todo
+     volumes:
+       - todo-db-data:/var/lib/mysql
+       - $PWD/_tools/mysql/conf.d:/etc/mysql/conf.d:cached
+     ports:
+       - "33306:3306"
+volumes:
+   todo-db-data:
```

▶ ローカルマシン上のMySQLコンテナにマイグレーションを実施する

　make down コマンドを実行し、**make up** コマンドを実行すると新しくMySQLコンテナが起動します。

▼リスト18.5　新しいMySQLコンテナの起動

```
$ make up
docker compose up -d
[+] Running 4/4
 :: Network go_todo_app_default            Crea...           0.0s
 :: Volume "go_todo_app_todo-db-data"      Created           0.0s
 :: Container todo-db                       Started           0.3s
 :: Container go_todo_app-app-1             Star...           0.5s
```

make migrate コマンドを実行してマイグレーションを行います。

▼リスト18.6　「make migrate」コマンドの実行

```
$ make migrate
mysqldef -u todo -p todo -h 127.0.0.1 -P 33306 todo < ./_tools/mysql/schema.sql
-- Apply --
CREATE TABLE `user`
(
    `id`        BIGINT UNSIGNED NOT NULL AUTO_INCREMENT COMMENT 'ユーザーの識別子',
    `name`      varchar(20) NOT NULL COMMENT 'ユーザー名',
    `password`  VARCHAR(80) NOT NULL COMMENT 'パスワードハッシュ',
    `role`      VARCHAR(80) NOT NULL COMMENT 'ロール',
    `created`   DATETIME(6) NOT NULL COMMENT 'レコード作成日時',
    `modified`  DATETIME(6) NOT NULL COMMENT 'レコード修正日時',
    PRIMARY KEY (`id`),
```

```
    UNIQUE KEY `uix_name` (`name`) USING BTREE
) Engine=InnoDB DEFAULT CHARSET=utf8mb4 COMMENT='ユーザー';
CREATE TABLE `task`
(
    `id`       BIGINT UNSIGNED NOT NULL AUTO_INCREMENT COMMENT 'タスクの識別子',
    `title`    VARCHAR(128) NOT NULL COMMENT 'タスクのタイトル',
    `status`   VARCHAR(20)  NOT NULL COMMENT 'タスクの状態',
    `created`  DATETIME(6) NOT NULL COMMENT 'レコード作成日時',
    `modified` DATETIME(6) NOT NULL COMMENT 'レコード修正日時',
    PRIMARY KEY (`id`)
) Engine=InnoDB DEFAULT CHARSET=utf8mb4 COMMENT='タスク';
```

　上記のコマンド実行では何もないDBにマイグレーションを適用したため、ローカルに用意したDDLの定義通りの操作が実行されました。コメントを変更するなどしてから **make dry-migrate** コマンドを実行するとマイグレーション用のDDLが生成される様子がわかります。

▼リスト18.7 「make dry-migrate」コマンドの実行

```
$ make dry-migrate
mysqldef -u todo -p todo -h 127.0.0.1 -P 33306 todo --dry-run < ./_tools/mysql/schema.sql
-- dry run --
ALTER TABLE `user` CHANGE COLUMN `name` `name` varchar(20) NOT NULL COMMENT 'ユーザーの名前';
```

GitHub Actions上でMySQLコンテナを起動する

　次に自動テストでも実際のRDBMSを使ったテストコードを実行するため、GitHub Actionis上でMySQLコンテナを起動します。GitHub Actionisでは**サービスコンテナ**という方法でCI/CDワークフロー上で必要になるミドルウェアのコンテナを起動できます[2]。

　自動テスト用のワークフローの設定(.github/workflows/test.yml)でローカルマシンと同様にMySQLコンテナを起動する設定がリスト18.8になります。ワークフロー開始時に **service** の **image** で指定したMySQLコンテナを起動します。ローカルマシン上の **docker-compose.yml** ファイルと同様に **ports** で設定したポート番号でアクセスできます。 **options** に指定されたコマンドはMySQLコンテナが操作可能になるまで次のステップを待機させるためのコマンドです。ローカルマシンと同様に **sqldef** コマンドでテーブルを定義するステップも追加しています。

▼リスト18.8　自動テスト用のワークフローでMySQLコンテナを起動する

```
  jobs:
    test:
      runs-on: ubuntu-latest
+     services:
+       mysql:
+         image: mysql:8
+         options: >-
+           --health-cmd "mysqladmin ping -h localhost"
```

18
RDBMSを使ったデータの永続化処理の実装

[2]:PostgreSQLサービスコンテナの作成(https://docs.github.com/ja/actions/using-containerized-services/creating-postgresql-service-containers)

```
+           --health-interval 20s
+           --health-timeout 10s
+           --health-retries 10
+         ports:
+           - 3306:3306
+         env:
+           MYSQL_ALLOW_EMPTY_PASSWORD: yes
+           MYSQL_DATABASE: todo
+           MYSQL_USER: todo
+           MYSQL_PASSWORD: todo
      steps:
      - uses: actions/setup-go@v3
        with:
          go-version: '>=1.18'
      - uses: actions/checkout@v3
+     - run: |
+         go install github.com/k0kubun/sqldef/cmd/mysqldef@latest
+         mysqldef -u todo -p todo -h 127.0.0.1 -P 3306 todo < ./_tools/mysql/schema.sql
      - run: go test ./... -coverprofile=coverage.out
      - name: report coverage
        uses: k1LoW/octocov-action@v0
```

　以上でローカルマシンとGitHub Actionsの自動テスト用ワークフロー上にテーブルを定義し
たMySQLコンテナを用意できました。次節から実際にMySQLへデータを保存する操作を実
装します。

RDBMSに対する操作を実装する

簡易実装のみだった **store** パッケージにMySQLを使った永続化を行う実装を追加します。

標準パッケージ・準標準パッケージを使った実装例を提示するのが本書の方針ですが、RDBMSの操作には **github.com/jmoiron/sqlx** パッケージを利用します[3]。

▋▋▋ 「database/sql」パッケージと「github.com/jmoiron/sqlx」パッケージの比較

標準パッケージである **database/sql** パッケージを使った場合、データベースから取得したレコードの情報を構造体にマッピングしていく実装を毎回行う必要があります。

たとえば、**database/sql** パッケージを用いて **task** テーブルに保存されたタスクの情報をすべて取得する実装はリスト18.9のようになります。 ***sql.DB.QueryContext** メソッドを実行した後、1行1行その結果を構造体に詰め込む処理が必要になります。 ***sql.Rows. Scan** メソッドではSQLクエリで取得したカラムの順番通りに構造体のフィールドを並べる必要があるなど、実装ミスの混入の恐れもあります。

▼リスト18.9 「database/sql」を用いて複数レコードを取得した結果をスライスで取得する

```
func (r *Repository) ListTasks(
  ctx context.Context, db *sql.DB,
) (entity.Tasks, error) {
  sql := `SELECT
        id, title,
        status, created, modified
     FROM task;`
  rows, err := db.QueryContext(ctx, sql)
  if err != nil {
    return nil, err
  }
  defer rows.Close()
  var tasks entity.Tasks
  for rows.Next() {
    t := &entity.Task{}
    if err := rows.Scan(
      &(t.ID), &(t.Title),
      &(t.Status), &(t.Created), &(t.Modified),
    ); err != nil {
      return nil, err
    }
    tasks = append(tasks, t)
  }
  return tasks, nil
}
```

[3]:https://github.com/jmoiron/sqlx

　対して、github.com/jmoiron/sqlx パッケージを用いた同様の実装はリスト18.10のようになります。github.com/jmoiron/sqlx パッケージを利用する場合はリスト18.11のように構造体の各フィールドにタグでテーブルカラム名に対応したメタデータを設定しておきます。

　タグを設定しておけばSQLクエリを実行する実装部分では構造体の初期化をせずに自前で行わずに済み、見通しよく実装できます。

▼リスト18.10　「github.com/jmoiron/sqlx」を用いて複数レコードを取得した結果をスライスで取得する

```go
func (r *Repository) ListTasks(
  ctx context.Context, db *sqlx.DB,
) (entity.Tasks, error) {
  tasks := entity.Tasks{}
  sql := `SELECT
        id, user_id, title,
        status, created, modified
      FROM task;`
  if err := db.SelectContext(ctx, &tasks, sql); err != nil {
    return nil, err
  }
  return tasks, nil
}
```

▼リスト18.11　構造体のタグに「db」キーでクエリの結果とのマッピングを記述しておく

```go
type Task struct {
  ID       TaskID     `json:"id" db:"id"`
  Title    string     `json:"title" db:"title"`
  Status   TaskStatus `json:"status" db:"status"`
  Created  time.Time  `json:"created" db:"created"`
  Modified time.Time  `json:"modified" db:"modified"`
}
```

　上記の実装コードの見通しの良さと標準パッケージに近いインターフェースより、本書では github.com/jmoiron/sqlx パッケージを利用して以降の実装を行います。entity/task.go に定義した entity.Task 型の各フィールドもリスト18.11のように db タグをつけておきましょう。

▌ 環境変数から接続情報を読み込む

`config/config.go` ファイルの `Config` 型の定義に `docker-compose.yml` で定義したMySQL接続用の環境変数を読み込むフィールドを追加しておきます。

▼リスト18.12　MySQLへの接続情報も環境変数から取得する

```
type Config struct {
    Env        string `env:"TODO_ENV" envDefault:"dev"`
    Port       int    `env:"PORT" envDefault:"80"`
    DBHost     string `env:"TODO_DB_HOST" envDefault:"127.0.0.1"`
    DBPort     int    `env:"TODO_DB_PORT" envDefault:"33306"`
    DBUser     string `env:"TODO_DB_USER" envDefault:"todo"`
    DBPassword string `env:"TODO_DB_PASSWORD" envDefault:"todo"`
    DBName     string `env:"TODO_DB_NAME" envDefault:"todo"`
}
```

▌ コネクションを取得する

まず `store/repository.go` ファイルを作成し、`config.Config` 型を利用してRDBMSへ接続する関数をリスト18.13のように実装します。 `sql.Open` 関数は接続確認までは行わないため、明示的に `*sql.DB.PingContext` メソッドを使って疎通確認を行っています。

接続オプションはいくつかありますが、`parseTime=true` を忘れると `time.Time` 型のフィールドに正しい時刻情報が取得できないので注意してください。

`*sql.DB` 型の値はRDBMSの利用終了後は `*sql.DB.Close` メソッドを呼び出してコネクションを正しく終了する必要があります。 `New` 関数の中ではアプリケーションの終了タイミングに合わせて `*sql.DB.Close` メソッドを呼び出すような仕組みを作ることはできません。 `New` 関数呼び出し元で終了処理をできるように戻り値として `*sql.DB.Close` メソッドを実行する無名関数を返しておきます。

▼リスト18.13　設定情報からDBへの接続を開く

```
package store

import (
    "context"
    "database/sql"
    "errors"
    "fmt"
    "time"

    "github.com/budougumi0617/go_todo_app/config"
    _ "github.com/go-sql-driver/mysql"
    "github.com/jmoiron/sqlx"
)

func New(ctx context.Context, cfg *config.Config) (*sqlx.DB, func(), error) {
    // sqlx.Connectを使うと内部でpingする。
```

```
db, err := sql.Open("mysql",
  fmt.Sprintf(
    "%s:%s@tcp(%s:%d)/%s?parseTime=true",
    cfg.DBUser, cfg.DBPassword,
    cfg.DBHost, cfg.DBPort,
    cfg.DBName,
  ),
)
if err != nil {
  return nil, nil, err
}
// Openは実際に接続テストが行われない。
ctx, cancel := context.WithTimeout(ctx, 2*time.Second)
defer cancel()
if err := db.PingContext(ctx); err != nil {
  return nil, func() { _ = db.Close() }, err
}
xdb := sqlx.NewDb(db, "mysql")
return xdb, func() { _ = db.Close() }, nil
}
```

▌▌▌インターフェースと「Repository」型の定義

store/repository.go ファイルにリスト18.14を追加してインターフェース経由の実行を可能にしておきます。それぞれの定義は名前の通り、参照系の主要なメソッドのみを集めた Queryer インターフェース、書き込み系の操作を集めた Execer インターフェースなどを定義しています。 _ Beginner = (*sqlx.DB)(nil) などはインターフェースが実際の型のシグネチャと一致しているか確認するコードです。

もし、メソッド名や引数に差異があった場合はビルドエラーで検知できます。 *sqlx.DB 型の値や *sqlx.Tx 型の値をインターフェースの引数で受け取る実装にすれば、テストコードではコネクションやトランザクションとしてモックを受け取れるようになります。

また、アプリケーションコードとしても「このメソッドの引数は Queryer インターフェースなのでMySQL上のデータを更新することはないな」とコードリーディングがしやすくなります。

なお、*sqlx.DB 型の値を引数にとるよりも、Execer インターフェースを引数とするほうが *sqlx.Tx 型の値(外部で BEGIN されたトランザクション)を受け取れます。

▼リスト18.14 「repository.go」に宣言した「github.com/jmoiron/sqlx」のインターフェース

```
type Beginner interface {
  BeginTx(ctx context.Context, opts *sql.TxOptions) (*sql.Tx, error)
}

type Preparer interface {
  PreparexContext(ctx context.Context, query string) (*sqlx.Stmt, error)
}
```

18 RDBMSを使ったデータの永続化処理の実装

```
type Execer interface {
  ExecContext(ctx context.Context, query string, args ...any) (sql.Result, error)
  NamedExecContext(ctx context.Context, query string, arg interface{}) (sql.Result, error)
}

type Queryer interface {
  Preparer
  QueryxContext(ctx context.Context, query string, args ...any) (*sqlx.Rows, error)
  QueryRowxContext(ctx context.Context, query string, args ...any) *sqlx.Row
  GetContext(ctx context.Context, dest interface{}, query string, args ...any) error
  SelectContext(ctx context.Context, dest interface{}, query string, args ...any) error
}


var (
  // インターフェースが期待通りに宣言されているか確認
  _ Beginner = (*sqlx.DB)(nil)
  _ Preparer = (*sqlx.DB)(nil)
  _ Queryer  = (*sqlx.DB)(nil)
  _ Execer   = (*sqlx.DB)(nil)
  _ Execer   = (*sqlx.Tx)(nil)
)

type Repository struct{
  Clocker clock.Clocker
}
```

最後に **Repository** 型を定義しておきます。これから実装するRDBMSに対する永続化操作はすべて **Repository** 型のメソッドとして実装します。同じ型のメソッドとして実装する理由は、次の通りです。

- 複数のテーブルを1つの型のメソッドで操作できる
- DIを利用する場合、1つの型にまとまっていたほうが取り回しがしやすい

▌「clock」パッケージの定義

Repository 型の **Clocker** フィールドはSQL実行時に利用する時刻情報を制御するための **clock.Clocker** インターフェースです。永続化操作を行う際の時刻を固定化できるようにするのが目的です。

Goの **time.Time** 型はナノ秒単位の時刻精度の情報を持っており、永続化したデータを取得して比較するとほぼ確実に時刻情報が不一致となります。また、現在時刻の変化がテスト結果に影響を与えることを避ける意味もあります。

clock.Clocker インターフェースを満たす実装はアプリケーションで実際に使う **time.Now** 関数のラッパーである **RealClocker** 型と、テスト用の固定時刻を返す **FixedClocker** 型の2種類です。

▼リスト18.15 「clock」パッケージの実装

```
package clock

import (
  "time"
)

type Clocker interface {
  Now() time.Time
}

type RealClocker struct{}

func (r RealClocker) Now() time.Time {
  return time.Now()
}

type FixedClocker struct{}

func (fc FixedClocker) Now() time.Time {
  return time.Date(2022, 5, 10, 12, 34, 56, 0, time.UTC)
}
```

すべてのタスクを取得するメソッド

task テーブルへの操作は store/task.go ファイルに実装します。

まずは *entity.Task 型の値をすべて取得する ListTasks を実装します。参照系のメソッドのため、引数としては Queryer インターフェースを満たす型の値を受け取ります。

SelectContext メソッドは複数のレコードを取得し、各レコードを1つひとつの構造体に代入したスライスを返してくれる github.com/jmoiron/sqlx パッケージの拡張メソッドです。

▼リスト18.16　RDBMSからタスクを取得するためのメソッド

```
func (r *Repository) ListTasks(
  ctx context.Context, db Queryer,
) (entity.Tasks, error) {
  tasks := entity.Tasks{}
  sql := `SELECT
        id, title,
        status, created, modified
      FROM task;`
  if err := db.SelectContext(ctx, &tasks, sql); err != nil {
    return nil, err
  }
  return tasks, nil
}
```

タスクを保存するメソッド

タスクを保存する実装がリスト18.17です。こちらも **store/task.go** ファイルに実装します。RDBMSへ **INSERT** を実行するため、第2引数は **Execer** インターフェースとなります。

database/sql パッケージ（とその拡張である **github.com/jmoiron/sqlx** パッケージ）はMySQLに対して **ExecContext** メソッドを実行した場合、第1戻り値である **sql.Result** インターフェース型を満たす値の **LastInsertId** メソッドから発行されたIDを取得できます。 **AddTask** メソッドは引数に渡された ***entity.Task** 型の値の **ID** フィールドを更新することで、呼び出し元に発行されたIDを伝えます。

▼リスト18.17　RDBMSへタスクを登録するためのメソッド

```go
func (r *Repository) AddTask(
  ctx context.Context, db Execer, t *entity.Task,
) error {
  t.Created = r.Clocker.Now()
  t.Modified = r.Clocker.Now()
  sql := `INSERT INTO task
      (title, status, created, modified)
  VALUES (?, ?, ?, ?)`
  result, err := db.ExecContext(
    ctx, sql, t.Title, t.Status,
    t.Created, t.Modified,
  )
  if err != nil {
    return err
  }
  id, err := result.LastInsertId()
  if err != nil {
    return err
  }
  t.ID = entity.TaskID(id)
  return nil
}
```

RDBMSに関わる機能に対して
テストコードを実装する

　前述した2つのメソッドの対してテストコードを作成します。ここではテストでもRDBMSを使って実際にクエリを実行するテスト手法と、RDBMSを使わずモックによってクエリの検証するテスト手法を紹介します。

■ 実行環境によって接続情報を変更するテストヘルパー関数

　実際のテストコードの実装に入る前に、実DBを使ったテストを行うときに利用するテストヘルパー関数を実装します。テストコードをローカルマシン環境やGitHub Actions上で実行するには、環境別のMySQLへの接続情報が必要です。

　次の理由により、環境変数から読み込むのでなく実行環境に応じてハードコーディングされた接続情報を切り替えてMySQLへの接続を開始するテストヘルパー関数を用意します。

- ローカルマシン環境は「docker-compose.yml」で接続情報が固定化されている
- GitHub Actions上の接続情報もGitHub Actionsの定義ファイルで固定化されている
- テストを実行するために固定された接続情報を環境変数から読み込むのは非効率である

　リスト18.18はテスト用に `*sqlx.DB` 型の値を取得する関数です。`testutil/db.go` ファイルに実装します。`CI` 環境変数はGitHub Actions上しか定義されていないことを想定しています。ここまでに用意したローカルマシン環境やGitHub Actions上の環境ではポート番号のみが異なるため、ポート番号のみを切り替えています。

▼リスト18.18　実行中の環境によって接続先を切り替える

```
package testutil

import (
  "database/sql"
  "fmt"
  "os"
  "testing"

  _ "github.com/go-sql-driver/mysql"
  "github.com/jmoiron/sqlx"
)

func OpenDBForTest(t *testing.T) *sqlx.DB {
  t.Helper()

  port := 33306
  if _, defined := os.LookupEnv("CI"); defined {
    port = 3306
```

```
  }
  db, err := sql.Open(
    "mysql",
    fmt.Sprintf("todo:todo@tcp(127.0.0.1:%d)/todo?parseTime=true", port),
  )
  if err != nil {
    t.Fatal(err)
  }
  t.Cleanup(
    func() { _ = db.Close() },
  )
  return sqlx.NewDb(db, "mysql")
}
```

実際のRDBMSを使ってテストする

ListTasks メソッドに対して実際のRDBMSを用いるテストコードを実装した例がリスト18.19です。 store/task_test.go というファイル名で保存します。 prepareTasks 関数は task テーブルの状態を整えるテストヘルパー関数でリスト18.20に実装があります。

ListTasks メソッドは task テーブルすべてのレコードを取得する実装のため、他のテストケースによって task テーブルにレコードが追加されていると実行結果として取得できる *entity.Task 型の値の数が変化します。

そのため、このテストケースではRDBMSのトランザクション機能を使ってこのテストコードのみのテーブル状態を作り出しています。

▼リスト18.19 「ListTasks」メソッドが期待されるデータを取得できるか検証

```
package store

import (
  "context"
  "testing"
  "time"

  "github.com/budougumi0617/go_todo_app/clock"
  "github.com/budougumi0617/go_todo_app/entity"
  "github.com/budougumi0617/go_todo_app/testutil"
  "github.com/google/go-cmp/cmp"
  "github.com/google/go-cmp/cmp/cmpopts"
)

func TestRepository_ListTasks(t *testing.T) {
  ctx := context.Background()
  // entity.Taskを作成する他のテストケースと混ざるとテストがフェイルする
  // そのため、トランザクションをはることでこのテストケースの中だけのテーブル状態にする
  tx, err := testutil.OpenDBForTest(t).BeginTxx(ctx, nil)
```

```
  // このテストケースが完了したら元に戻す
  t.Cleanup(func() { _ = tx.Rollback() })
  if err != nil {
    t.Fatal(err)
  }
  wants := prepareTasks(ctx, t, tx)

  sut := &Repository{}
  gots, err := sut.ListTasks(ctx, tx)
  if err != nil {
    t.Fatalf("unexected error: %v", err)
  }
  if d := cmp.Diff(gots, wants); len(d) != 0 {
    t.Errorf("differs: (-got +want)\n%s", d)
  }
}
```

リスト18.20は **task** テーブルの状態を整えるテストヘルパー関数です。1度、テーブルのレコードを消した後、このテストケースで期待する3レコードを追加しています。**TestRepository_ ListTasks** で開始したトランザクションで閉じているため、他のテストケースには影響がありません。

このテストヘルパー関数では1回の **INSERT** 文で3つのレコードを作成しています。複数のレコードを作ったときの **sql.Result.LastInsertId** メソッドの戻り値となる **ID** は、MySQLでは1つ目のレコードの **ID**（発行された **ID** の中で一番小さい **ID**）になることが注意点です。

▼リスト18.20　事前にいくつかのタスクを登録しておく

```
func prepareTasks(ctx context.Context, t *testing.T, con Execer) entity.Tasks {
  t.Helper()
  // 一度きれいにしておく
  if _, err := con.ExecContext(ctx, "DELETE FROM task;"); err != nil {
    t.Logf("failed to initialize task: %v", err)
  }
  c := clock.FixedClocker{}
  wants := entity.Tasks{
    {
      Title: "want task 1", Status: "todo",
      Created: c.Now(), Modified: c.Now(),
    },
    {
      Title: "want task 2", Status: "todo",
      Created: c.Now(), Modified: c.Now(),
    },
    {
      Title: "want task 3", Status: "done",
      Created: c.Now(), Modified: c.Now(),
```

```
    },
  }
  result, err := con.ExecContext(ctx,
    `INSERT INTO task (title, status, created, modified)
     VALUES
       (?, ?, ?, ?),
       (?, ?, ?, ?),
       (?, ?, ?, ?);`,
    wants[0].Title, wants[0].Status, wants[0].Created, wants[0].Modified,
    wants[1].Title, wants[1].Status, wants[1].Created, wants[1].Modified,
    wants[2].Title, wants[2].Status, wants[2].Created, wants[2].Modified,
  )
  if err != nil {
    t.Fatal(err)
  }
  id, err := result.LastInsertId()
  if err != nil {
    t.Fatal(err)
  }
  wants[0].ID = entity.TaskID(id)
  wants[1].ID = entity.TaskID(id + 1)
  wants[2].ID = entity.TaskID(id + 2)
  return wants
}
```

モックを使ってテストする

単体テストに相当するテストコードでRDBMSに依存したテストコードを書きたくない場合、github.com/DATA-DOG/go-sqlmock パッケージを使うとよいです[4]。

▼リスト18.21 「go get」コマンドの実行

```
$ go get -u github.com/DATA-DOG/go-sqlmock
```

github.com/DATA-DOG/go-sqlmock パッケージを使うとテスト対象のメソッドから発行されたSQLクエリを検証できます。トランザクションを利用する実装だった場合、COMMIT/ROLLBACK が期待通り発行されたのかも検証できます。

github.com/DATA-DOG/go-sqlmock パッケージを取得した後、store/task_test.go に実装した AddTask メソッド用のテストコードがリスト18.22になります。

期待値としてモックに設定するSQLクエリは特定の記号でエスケープが必要になります。また、そのSQLクエリのSQLとしての妥当性までは検証してくれないのが注意点です。

▼リスト18.22 「github.com/DATA-DOG/go-sqlmock」を使ったRDBMSを用いないテスト

```go
func TestRepository_AddTask(t *testing.T) {
  t.Parallel()
  ctx := context.Background()

  c := clock.FixedClocker{}
  var wantID int64 = 20
  okTask := &entity.Task{
    Title:    "ok task",
    Status:   "todo",
    Created:  c.Now(),
    Modified: c.Now(),
  }

  db, mock, err := sqlmock.New()
  if err != nil {
    t.Fatal(err)
  }
  t.Cleanup(func() { db.Close() })
  mock.ExpectExec(
    // エスケープが必要
    `INSERT INTO task \(title, status, created, modified\) VALUES \(\?, \?, \?, \?\)`,
  ).WithArgs(okTask.Title, okTask.Status, c.Now(), c.Now()).
    WillReturnResult(sqlmock.NewResult(wantID, 1))

  xdb := sqlx.NewDb(db, "mysql")
  r := &Repository{Clocker: c}
  if err := r.AddTask(ctx, xdb, okTask); err != nil {
    t.Errorf("want no error, but got %v", err)
  }
}
```

▓ まとめ

RDBMSを利用してデータを永続化する実装はWebアプリケーションを開発する上でほぼ必須となります。本章では次のテクニックを学習しました。

- ローカルマシンと自動テスト環境でMySQLコンテナを起動しました。
- ローカルマシンと自動テスト環境でマイグレーションを実施する仕組みを作りました。
- 「sqlx」を使ってMySQLに対してデータの保存・取得を実装しました。
- MySQLコンテナを使って実際にSQLクエリを実行するテスト方法を紹介しました。
- モックを使ってRDBMSに依存しないテスト方法を紹介しました。

次の章では本章で実装した **store** パッケージの実装をエンドポイントに組み込んでいきます。

CHAPTER 19

責務別に
HTTPハンドラーの
実装を分割する

　前章で実装した「store」パッケージを用いてRDBMS
を使った永続化操作ができます。

　しかし、「store」パッケージを「handler」パッケージから
直接呼び出すとHTTPリクエストの処理、ビジネスロジッ
ク、RDBMSの操作が密結合になってしまい、テスト容易
性やメンテナンス性が落ちてしまいます。

　本章ではまず密結合な状態でHTTPハンドラーを実装
し動作を確認した後、複数の責務が個別のパッケージに
分割されるようにHTTPハンドラーの実装のリファクタリ
ングを行います。

HTTPハンドラーからRDBMSを使った
永続化を行う

　まずはコードの品質を考えずに **handler** パッケージのHTTPハンドラーの実装から **store** パッケージを呼び出しデータを永続化するように変更を試みます。

　リスト19.1の変更差分では今までインメモリのマップとしてデータを保持していた **handler. AddTask** 構造体の **Store** フィールドを削除し、***sql.DB** 型のフィールドと **store.Repository** 型のフィールドを追加しました。**ServeHTTP** メソッドの実装内では ***store.TaskStore .Add** メソッドでインメモリに保存していた処理を削除しました。

　そして ***store.Repository.AddTask** メソッドに実装した **INSERT** 文を使って ***sql. DB** 型の値を介してMySQLへデータを永続化するように変更しました。

▼リスト19.1　「handler」パッケージから「store」パッケージを使う

```
    "net/http"
-   "time"

    "github.com/budougumi0617/go_todo_app/entity"
    "github.com/budougumi0617/go_todo_app/store"
    "github.com/go-playground/validator/v10"
+   "github.com/jmoiron/sqlx"
)

type AddTask struct {
-       Store     *store.TaskStore
+       DB        *sqlx.DB
+       Repo      *store.Repository
        Validator *validator.Validate
}

// 中略
    }

    t := &entity.Task{
-           Title:   b.Title,
-           Status:  entity.TaskStatusTodo,
-           Created: time.Now(),
+           Title:  b.Title,
+           Status: entity.TaskStatusTodo,
    }
-   id, err := at.Store.Add(t)
+   err := at.Repo.AddTask(ctx, at.DB, t)
// 中略

-   }{ID: id}
```

```
+    }{ID: t.ID}
     RespondJSON(ctx, w, rsp, http.StatusOK)
  }
```

　handler.ListTask 型への変更も同様です。リスト19.2の変更差分でも handler.Add
Task 型への変更と同様に Store フィールドを削除し、*sql.DB 型のフィールドと store.
Repository 型のフィールドを追加し、ServeHTTP メソッド内部の実装もMySQLからタスク
の一覧を取得するように変更しています。

▼リスト19.2　「handler.ListTask」型に対するリファクタリングの差分

```
         "github.com/budougumi0617/go_todo_app/store"
+        "github.com/jmoiron/sqlx"
  )

  type ListTask struct {
-     Store *store.TaskStore
+     DB    *sqlx.DB
+     Repo *store.Repository
  }

  type task struct {
// 中略

  func (lt *ListTask) ServeHTTP(w http.ResponseWriter, r *http.Request) {
      ctx := r.Context()
-     tasks := lt.Store.All()
+     tasks, err := lt.Repo.ListTasks(ctx, lt.DB)
+     if err != nil {
+             RespondJSON(ctx, w, &ErrResponse{
+                     Message: err.Error(),
+             }, http.StatusInternalServerError)
+             return
+     }
      rsp := []task{}
      for _, t := range tasks {
```

　handler.AddTask 型と handler.ListTask 型の内部構造の変更に伴い、NewMux
関数の実装も変更しています。リスト19.3はビルドエラーを解消した状態の NewMux 関数で
す。 store.New 関数で *sqlx.DB 型の値を取得するために引数に *config.Config 型
の値などが増えています。また、run 関数に終了処理を渡すために戻り値も変更しています。
*handler.AddTask 型と *handler.ListTask 型の値の初期化時に各フィールドにふさ
わしい値を代入します。

▼リスト19.3　リファクタリング後の「NewMux」関数

```
package main
```

```
import (
  "context"
  "net/http"

  "github.com/budougumi0617/go_todo_app/clock"
  "github.com/budougumi0617/go_todo_app/config"
  "github.com/budougumi0617/go_todo_app/handler"
  "github.com/budougumi0617/go_todo_app/store"
  "github.com/go-chi/chi/v5"
  "github.com/go-playground/validator/v10"
)

func NewMux(ctx context.Context, cfg *config.Config) (http.Handler, func(), error) {
  mux := chi.NewRouter()
  mux.HandleFunc("/health", func(w http.ResponseWriter, r *http.Request) {
    w.Header().Set("Content-Type", "application/json; charset=utf-8")
    _, _ = w.Write([]byte(`{"status": "ok"}`))
  })
  v := validator.New()
  db, cleanup, err := store.New(ctx, cfg)
  if err != nil {
    return nil, cleanup, err
  }
  r := store.Repository{Clocker: clock.RealClocker{}}
  at := &handler.AddTask{DB: db, Repo: &r, Validator: v}
  mux.Post("/tasks", at.ServeHTTP)
  lt := &handler.ListTask{DB: db, Repo: &r}
  mux.Get("/tasks", lt.ServeHTTP)
  return mux, cleanup, nil
}
```

run 関数の実装も NewMux 関数のシグネチャの変更に伴ってリスト19.4のように変更しました。

▼リスト19.4 「run」関数の差分

```
      }
      url := fmt.Sprintf("http://%s", l.Addr().String())
      log.Printf("start with: %v", url)
-     mux := NewMux()
+     mux, cleanup, err := NewMux(ctx, cfg)
+     if err != nil {
+             return err
+     }
+     defer cleanup()
      s := NewServer(l, mux)
```

19
責務別にエコーHTTPハンドラーの実装を分割する

　これでビルドエラーは解消されたので、動作確認をしてみます。タスクを作成してタスクを一覧する `curl` コマンドを実行すると、次のようにMySQLにタスクが保存されたことがわかります。

▼リスト19.5　動作の確認

```
$ curl -i -XPOST localhost:18000/tasks -d @./handler/testdata/add_task/ok_req.json.golden
HTTP/1.1 200 OK
Content-Type: application/json; charset=utf-8
Date: Tue, 31 May 2022 05:43:37 GMT
Content-Length: 9

{"id":32}%

$ curl -i -XGET localhost:18000/tasks
HTTP/1.1 200 OK
Content-Type: application/json; charset=utf-8
Date: Tue, 31 May 2022 05:43:39 GMT
Content-Length: 113

[{"id":31,"title":"Implement a handler","status":"todo"},{"id":32,"title":"Implement a
handler","status":"todo"}]%
```

■ このままの実装でテストを修正する?

　RDBMSを使った永続化も行うようになり、HTTPハンドラーの実装には種類の異なる複数の処理が含まれることになりました。

- HTTPリクエストから必要な情報を読み取る
- HTTPレスポンスを構築しレスポンスを返す
- アプリケーションロジック・ビジネスロジックを実行する
- 「store」パッケージの呼び出して永続化処理を行う

　これらが強く結合しているとテストコードの作成が困難です。責務を複数の実装に分割することでそれぞれの責務を疎結合にします。本書では次の3つのパッケージに分けます。

- HTTPリクエストとHTTPレスポンスの処理を行う「handler」パッケージ
- 永続化操作を行う「store」パッケージ
- 永続化操作とアプリケーションロジックやビジネスロジックの実装を組み合わせて期待される挙動を実装する「service」パッケージ

　また、インターフェースを挟むことで他のパッケージの実装内容に影響しないテストコードを実装します。

HTTTPハンドラーの実装を分解する

　まずは handler パッケージからビジネスロジックと永続化に関わる処理を取り除きます。リクエストの解釈とレスポンスを組み立てる処理以外を新しく定義するインターフェースに委譲します。

　リスト19.6は handler/service.go ファイルに定義した handler.ListTasksService インターフェースと handler.AddTaskService インターフェースの定義です。構造体や関数ではなく、インターフェースを定義するのは2つ理由があります。まず、他のパッケージへの参照を取り除いて疎なパッケージ構成にするためです。次にインターフェースを介して特定の型に依存しないことでモックに処理を入れ替えたテストを行うためです。

▼リスト19.6 「handler」パッケージに新たに定義したインターフェース

```go
package handler

import (
  "context"

  "github.com/budougumi0617/go_todo_app/entity"
)

//go:generate go run github.com/matryer/moq -out moq_test.go . ListTasksService AddTaskService
type ListTasksService interface {
  ListTasks(ctx context.Context) (entity.Tasks, error)
}

type AddTaskService interface {
  AddTask(ctx context.Context, title string) (*entity.Task, error)
}
```

「go generate」コマンドを用いた
モックの自動生成

リスト19.6に `//go:generate` から始まるコメントがあることに気づいたでしょうか。このコメントはただのコメントではなく、その後に続くコマンドでソースコードを自動生成するための記述です。自動的に実行されるものではありませんが、`go generate` コマンドによって実行されます。`//go:generate` の後が `go run` で始まっている通り、Go製のツールならば `go install` を使わずとも実行できます。

`go run` コマンドを使うと「常に実行タイミングで最新のバージョンのプログラムが実行がされてしまう」ことが心配になります。この場合、リスト19.7のように該当ツールを `import` した `tools.go` ファイルを定義しておくことで `go.mod` によるバージョン管理ができます。`tools.go` ファイルには `go:build` タグで `tools` を指定しています。そのため、ビルドタグを指定しない実アプリケーションのビルド時には無視されます。

▼リスト19.7 「tools.go」ファイルによる「moq」コマンドのバージョン固定

```
//go:build tools

package main

import _ "github.com/matryer/moq"
```

なお、`go generate` コマンドについては@yaegashiさん[1]が書かれた「go generate のベストプラクティス」というQiitaの記事[2]が参考になります。

▌「github.com/matryer/moq」パッケージ

Goには `github.com/golang/mock` パッケージ（ `gomock` ）という有名なモックコードの自動生成ライブラリ[3]が存在しますが、今回は `github.com/matryer/moq` パッケージ[4]を利用してモックコードを `go generate` コマンドで自動生成します。`moq` を使うメリットとしてはモックに振る舞いを指定する際に型を意識して実装できることです。`github.com/golang/mock` パッケージによって生成されたモックは振る舞いを設定する際に引数が `any` のセッターを利用します。型による恩恵が少なく実装ミスを誘発しやすいデメリットがあります。

より `moq` について知りたい場合は作者の「Meet Moq: Easily mock interfaces in Go」というブログ記事[5]を見るとよいでしょう。

19
責務別にエコロジーハンドラーの実装を分割する

[1]:https://twitter.com/hogegashi
[2]:https://qiita.com/yaegashi/items/d1fd9f7d0c75b2bb7446
[3]:https://github.com/golang/mock
[4]:https://github.com/matryer/moq
[5]:https://medium.com/@matryer/meet-moq-easily-mock-interfaces-in-go-476444187d10

モックコードを自動生成する

まず `Makefile` にリスト19.8のようなコマンドを登録します。

▼リスト19.8 プロジェクト内に指定された自動生成文を一括実行するコマンド

```
generate: ## Generate codes
  go generate ./...
```

リスト19.7のように実装した `tools.go` ファイルを作った後、`go get -u github.com/matryer/moq` コマンドを実行して `go.mod` ファイルを更新します。準備ができたら `make generate` コマンドを実行します。`handler/moq_test.go` ファイルが自動生成されていたら実行成功です。

▌「handler.AddTaskService」を使った「handler.AddTask」型のリファクタリング

テストコードを修正する前にまず `handler.AddTask` 型をリファクタリングします。リスト19.1で修正したばかりでしたが、`AddTaskService` インターフェースを使うと `handler.AddTask` 型の実装はリスト19.9のように修正できます。ビジネスロジックというほどの処理はしていませんが、`*entity.Task` 型の初期化ロジックと永続化処理を `AddTaskService` インターフェース型を満たす値に委譲します。

▼リスト19.9 リファクタリング前後の「handler.AddTask」型の実装差分

```
        "net/http"

        "github.com/budougumi0617/go_todo_app/entity"
-       "github.com/budougumi0617/go_todo_app/store"
        "github.com/go-playground/validator/v10"
-       "github.com/jmoiron/sqlx"
 )


 type AddTask struct {
-        DB       *sqlx.DB
-        Repo     store.Repository
+        Service  AddTaskService
         Validator *validator.Validate
 }

 // 中略

             return
         }

-        t := &entity.Task{
-                Title: b.Title,
-                Status: entity.TaskStatusTodo,
```

```
-        }
-        err := at.Repo.AddTask(ctx, at.DB, t)
+        t, err := at.Service.AddTask(ctx, b.Title)
```

リスト19.10はモックを使った **handler/add_task_test.go** の修正です。 **AddTask ServiceMock** 型が **github.com/matryer/moq** パッケージによって自動生成された型です。モックしたいメソッドの実装とほぼ同じシグネチャの関数を使うことになります。

▼リスト19.10 「handler/add_task_test.go」の修正

```
+                moq := &AddTaskServiceMock{}
+                moq.AddTaskFunc = func(
+                  ctx context.Context, title string,
+                ) (*entity.Task, error) {
+                        if tt.want.status == http.StatusOK {
+                                return &entity.Task{ID: 1}, nil
+                        }
+                        return nil, errors.New("error from mock")
+                }
                 sut := AddTask{
                         Repo: &store.TaskStore{
-                                Tasks: map[entity.TaskID]*entity.Task{},
-                        },
+                        Service:   moq,
```

リスト19.11はモックではなく実際の **service** パッケージの実装です。 **service** ディレクトリを作成し、**service/add_task.go** ファイルに保存します。

service.AddTask 型も **store** パッケージの特定の型に依存せずインターフェースをDIする設計になっています。リスト19.12は **service/interface.go** ファイルに保存します。

▼リスト19.11 「service.AddTask」型の実装

```
package service

import (
  "context"
  "fmt"

  "github.com/budougumi0617/go_todo_app/entity"
  "github.com/budougumi0617/go_todo_app/store"
)

type AddTask struct {
  DB    store.Execer
  Repo TaskAdder
}

func (a *AddTask) AddTask(ctx context.Context, title string) (*entity.Task, error) {
```

19 責務別にエコHTTPハンドラーの実装を分割する

```
  t := &entity.Task{
    Title:  title,
    Status: entity.TaskStatusTodo,
  }
  err := a.Repo.AddTask(ctx, a.DB, t)
  if err != nil {
    return nil, fmt.Errorf("failed to register: %w", err)
  }
  return t, nil
}
```

▼リスト19.12 「store」パッケージの直接参照を避けるためのインターフェース

```
package service

import (
  "context"

  "github.com/budougumi0617/go_todo_app/entity"
  "github.com/budougumi0617/go_todo_app/store"
)

//go:generate go run github.com/matryer/moq -out moq_test.go . TaskAdder TaskLister
type TaskAdder interface {
  AddTask(ctx context.Context, db store.Execer, t *entity.Task) error
}
type TaskLister interface {
  ListTasks(ctx context.Context, db store.Queryer) (entity.Tasks, error)
}
```

　　handler.ListTask 型のHTTPハンドラーにも同様の修正を行います。リスト19.13では
handler.ListTasksService インターフェースに処理を委譲させます。

▼リスト19.13 「handler.ListTask」型のリファクタリング前後の実装差分

```
      "net/http"

      "github.com/budougumi0617/go_todo_app/entity"
-     "github.com/budougumi0617/go_todo_app/store"
-     "github.com/jmoiron/sqlx"
  )

  type ListTask struct {
-     DB    *sqlx.DB
-     Repo  store.Repository
+     Service ListTasksService
  }

  type task struct {
```

```
// 中略

func (lt *ListTask) ServeHTTP(w http.ResponseWriter, r *http.Request) {
        ctx := r.Context()
-       tasks, err := lt.Repo.ListTasks(ctx, lt.DB)
+       tasks, err := lt.Service.ListTasks(ctx)
        if err != nil {
                RespondJSON(ctx, w, &ErrResponse{
                        Message: err.Error(),
```

リスト19.14は **handler/list_task_test.go** に書いたテストコードの修正です。ダミーのデータとして定義していたマップに含めた ***entity.Task** 型の値をモックの戻り値のスライスとして利用するようにしました。

▼リスト19.14 「handler/list_task_test.go」に対する修正その1

```
        tests := map[string]struct {
-               tasks map[entity.TaskID]*entity.Task
+               tasks []*entity.Task
                want want
        }{
                "ok": {
-                       tasks: map[entity.TaskID]*entity.Task{
-                               1: {
+                       tasks: []*entity.Task{
+                               {
                                        ID:     1,
                                        Title:  "test1",
                                        Status: entity.TaskStatusTodo,
                                },
-                               2: {
+                               {
                                        ID:     2,
                                        Title:  "test2",
                                        Status: entity.TaskStatusDone,
// 中略
                                },
                        },
                },
                "empty": {
-                       tasks: map[entity.TaskID]*entity.Task{},
+                       tasks: []*entity.Task{},
```

モックへの設定はリスト19.15のようにこちらもシンプルです。

▼リスト19.15 「handler/list_task_test.go」に対する修正その2

```
-                    sut := ListTask{Repo: &store.TaskStore{Tasks: tt.tasks}}
+                    moq := &ListTasksServiceMock{}
+                    moq.ListTasksFunc = func(ctx context.Context) (entity.Tasks, error) {
+                        if tt.tasks != nil {
+                            return tt.tasks, nil
+                        }
+                        return nil, errors.New("error from mock")
+                    }
+                    sut := ListTask{Service: moq}
```

リスト19.16は **handler.ListTasksService** インターフェース型を満たす型として用意した **service.ListTask** の実装例です。参照系しか利用しないため、構造体は **store.Queryer** インターフェース型のフィールド持っています。

▼リスト19.16 「service.ListTask」の実装

```
package service

import (
  "context"
  "fmt"

  "github.com/budougumi0617/go_todo_app/entity"
  "github.com/budougumi0617/go_todo_app/store"
)

type ListTask struct {
  DB    store.Queryer
  Repo TaskLister
}

func (l *ListTask) ListTasks(ctx context.Context) (entity.Tasks, error) {
  ts, err := l.Repo.ListTasks(ctx, l.DB)
  if err != nil {
    return nil, fmt.Errorf("failed to list: %w", err)
  }
  return ts, nil
}
```

一連の実装を使って **NewMux** 関数内のエンドポイントの実装の初期化手順を修正したものがリスト19.17です。

▼リスト19.17　修正前後の「NewMux」関数の実装差分

```
  // 中略
          "github.com/budougumi0617/go_todo_app/clock"
          "github.com/budougumi0617/go_todo_app/config"
          "github.com/budougumi0617/go_todo_app/handler"
+         "github.com/budougumi0617/go_todo_app/service"
          "github.com/budougumi0617/go_todo_app/store"
          "github.com/go-chi/chi/v5"
          "github.com/go-playground/validator/v10"
  // 中略
                  return nil, cleanup, err
          }
          r := store.Repository{Clocker: clock.RealClocker{}}
-         at := &handler.AddTask{DB: db, Repo: r, Validator: v}
+         at := &handler.AddTask{
+                 Service:   &service.AddTask{DB: db, Repo: &r},
+                 Validator: v,
+         }
          mux.Post("/tasks", at.ServeHTTP)
-         lt := &handler.ListTask{DB: db, Repo: r}
+         lt := &handler.ListTask{
+                 Service: &service.ListTask{DB: db, Repo: &r},
+         }
          mux.Get("/tasks", lt.ServeHTTP)
          return mux, cleanup, nil
  }
```

　以上の変更で **POST /tasks** と **GET /tasks** エンドポイントのHTTPハンドラーの実装をリファクタリングを完了し、各実装の結合度を下げることができました。

19

責務別にエコロハンドラーの実装を分割する

ユーザー登録機能の作成

本章の最後に復習としてユーザー情報を登録するためのエンドポイントを最初から複数パッケージに分けて実装します。 `POST /register` エンドポイントの概要は次の通りです。認証情報の利用については次章で説明します。

- 登録情報として次の情報を受け取る
  - ユーザー名
  - パスワード
  - ロール名
- ユーザー情報はRDBMSで保存する
- パスワードはハッシュ化して保存する

▎「entity」パッケージの実装

まず、認証情報を永続化するための構造体を用意します。 `github.com/jmoiron/sqlx` パッケージ用の `db` タグが付与されている以外はあまり特徴はありません。

▼リスト19.18 「user」テーブルに準拠した「User」型

```
package entity

import "time"

type UserID int64

type User struct {
    ID       UserID    `json:"id" db:"id"`
    Name     string    `json:"name" db:"name"`
    Password string    `json:"password" db:"password"`
    Role     string    `json:"role" db:"role"`
    Created  time.Time `json:"created" db:"created"`
    Modified time.Time `json:"modified" db:"modified"`
}
```

▎「handler」パッケージの実装

リスト19.19はリクエストを受け付けるHTTPハンドラーの実装です。リクエストボディから生成したJSONのバリデーションやレスポンスボディといった処理のみを実装しています。

▼リスト19.19 「handler.RegisterUser」型の実装

```
package handler

import (
    "encoding/json"
```

```go
    "net/http"

    "github.com/budougumi0617/go_todo_app/entity"
    "github.com/go-playground/validator/v10"
)

type RegisterUser struct {
    Service   RegisterUserService
    Validator *validator.Validate
}

func (ru *RegisterUser) ServeHTTP(w http.ResponseWriter, r *http.Request) {
    ctx := r.Context()
    var b struct {
        Name     string `json:"name" validate:"required"`
        Password string `json:"password" validate:"required"`
        Role     string `json:"role" validate:"required"`
    }
    if err := json.NewDecoder(r.Body).Decode(&b); err != nil {
        RespondJSON(ctx, w, &ErrResponse{
            Message: err.Error(),
        }, http.StatusInternalServerError)
        return
    }
    if err := ru.Validator.Struct(b); err != nil {
        RespondJSON(ctx, w, &ErrResponse{
            Message: err.Error(),
        }, http.StatusBadRequest)
        return
    }

    u, err := ru.Service.RegisterUser(ctx, b.Name, b.Password, b.Role)
    if err != nil {
        RespondJSON(ctx, w, &ErrResponse{
            Message: err.Error(),
        }, http.StatusInternalServerError)
        return
    }
    rsp := struct {
        ID entity.UserID `json:"id"`
    }{ID: u.ID}
    RespondJSON(ctx, w, rsp, http.StatusOK)
}
```

リスト19.20では **handler.RegisterUserService** インターフェースを新たに定義して、**go generate** コマンドの対象に加えています。

▼リスト19.20 「handler」パッケージに定義したインターフェース

```go
package handler

import (
  "context"
  "github.com/budougumi0617/go_todo_app/entity"
)


//go:generate go run github.com/matryer/moq -out moq_test.go . ListTasksService AddTaskService RegisterUserService
type ListTasksService interface {
  ListTasks(ctx context.Context) (entity.Tasks, error)
}

type AddTaskService interface {
  AddTask(ctx context.Context, title string) (*entity.Task, error)
}

type RegisterUserService interface {
  RegisterUser(ctx context.Context, name, password, role string) (*entity.User, error)
}
```

■■■ 「service」パッケージの実装

store パッケージを利用して実際の登録データを組み立てる処理がリスト19.21の実装です。

▼リスト19.21 「service/register_user.go」の実装

```go
package service

import (
  "context"
  "fmt"

  "github.com/budougumi0617/go_todo_app/entity"
  "github.com/budougumi0617/go_todo_app/store"
  "golang.org/x/crypto/bcrypt"
)

type RegisterUser struct {
  DB   store.Execer
  Repo UserRegister
}
```

▼

```go
func (r *RegisterUser) RegisterUser(
  ctx context.Context, name, password, role string,
) (*entity.User, error) {
  pw, err := bcrypt.GenerateFromPassword([]byte(password), bcrypt.DefaultCost)
  if err != nil {
    return nil, fmt.Errorf("cannot hash password: %w", err)
  }
  u := &entity.User{
    Name:     name,
    Password: string(pw),
    Role:     role,
  }

  if err := r.Repo.RegisterUser(ctx, r.DB, u); err != nil {
    return nil, fmt.Errorf("failed to register: %w", err)
  }
  return u, nil
}
```

「store」パッケージの実装

store 型にはRDBMSへユーザーデータを保存する実装として store/user.go にリスト19.22の内容を実装します。

▼リスト19.22　ユーザー情報を「user」テーブルに保存する

```go
package store

import (
  "context"
  "errors"
  "fmt"

  "github.com/budougumi0617/go_todo_app/entity"
  "github.com/go-sql-driver/mysql"
)

func (r *Repository) RegisterUser(ctx context.Context, db Execer, u *entity.User) error {
  u.Created = r.Clocker.Now()
  u.Modified = r.Clocker.Now()
  sql := `INSERT INTO user (
      name, password, role, created, modified
    ) VALUES (?, ?, ?, ?, ?)`
  result, err := db.ExecContext(ctx, sql, u.Name, u.Password, u.Role, u.Created, u.Modified)
  if err != nil {
    var mysqlErr *mysql.MySQLError
    if errors.As(err, &mysqlErr) && mysqlErr.Number == ErrCodeMySQLDuplicateEntry {
```

```
        return fmt.Errorf("cannot create same name user: %w", ErrAlreadyEntry)
    }
    return err
  }
  id, err := result.LastInsertId()
  if err != nil {
    return err
  }
  u.ID = entity.UserID(id)
  return nil
}
```

`store.ErrCodeMySQLDuplicateEntry` 定数と `store.ErrAlreadyEntry` 変数はリスト19.23のような定義を **store/repository.go** ファイルに追加しておきます。

▼リスト19.23 「store/repository.go」ファイルに定義する汎用エラー定義

```
const (
    // ErrCodeMySQLDuplicateEntry はMySQL系ののDUPLICATEエラーコード
    // https://dev.mysql.com/doc/mysql-errors/8.0/en/server-error-reference.html
    // Error number: 1062; Symbol: ER_DUP_ENTRY; SQLSTATE: 23000
    ErrCodeMySQLDuplicateEntry = 1062
)

var (
    ErrAlreadyEntry = errors.New("duplicate entry")
)
```

||| 「NewMux」関数の実装

`handler` パッケージ、`service` パッケージ、`store` パッケージの実装の組み合わせを宣言し、`POST /register` エンドポイントを追加する **NewMux** 関数の実装がリスト19.24です。

▼リスト19.24 「POST /register」エンドポイントの追加

```
    mux.Get("/tasks", lt.ServeHTTP)
+   ru := &handler.RegisterUser{
+     Service:   &service.RegisterUser{DB: db, Repo: &r},
+     Validator: v,
+   }
+   mux.Post("/register", ru.ServeHTTP)
```

SECTION-080

動作確認

POST /register エンドポイントに対して次のようなリクエストボディを送信してIDが返されればユーザーが正しく保存されたことになります。

▼リスト19.25　動作の確認

```
$ curl -X POST localhost:18000/register -d '{"name": "john2", "password":"test", "role":"user"}'
{"id":25}%
```

まとめ

本章では責務超過になったHTTPハンドラーの実装を分解し、handler パッケージ、service パッケージ、store パッケージというパッケージ構成でエンドポイントの実装を組み立てるリファクタリングを行いました。リファクタリング後の構成では実装する型の数は増えてしまったものの、それぞれの責務を小さな範囲におさめることができました。

本章で実装した内容は次の通りです。

- HTTPリクエストからデータを永続化する実装を行いました。
- 責務を複数のパッケージに分担させることでそれぞれの実装をシンプルにしました。
- インターフェースを介してパッケージ間を疎結合にする術を学びました。

責務別にHTTPハンドラーの実装を分割する

CHAPTER 20

RedisとJWTを
用いた認証・認可
機能の実装

これまでの章で実装した機能に加え、本章では、認証・
認可機能を新たに実装します。

本章で実装する機能

ここまでの章でアプリケーションには次の機能を実装しました。

- タスクを追加する
- タスクを一覧する
- 新規ユーザーを作成する

本章では新たに次の機能を実装します。

- 登録済ユーザー情報を使ってアクセストークンを発行するログイン機能
- ログインユーザーのみにAPIの利用を許可する機能
- アクセストークンに含まれる識別情報を利用する機能
- 管理者権限のユーザーのみがアクセスできる機能

これらの機能を開発することで次のテクニックを学習します。

- Redisを使ったキャッシュ
- JWT(JSON Web Token)を使ったアクセストークンの取り扱い
- 「go:embed」を使ったファイル埋め込み
- ミドルウェアパターンを利用したHTTPヘッダー情報の透過的な伝達方法
- テストの事前データ作成を効率化するためのフィクスチャ関数の活用

SECTION-082

Redisの準備

　本章では発行したアクセストークンの管理にRedisを利用します。そこでコーディングを行う前に開発環境と自動テスト環境でRedisを起動する準備をします。各設定の追加内容はMySQLを利用する際に行った作業とほぼ同じです。

　RedisはいわゆるNoSQLデータベースの1つで、広く利用されているキーバリュー型のインメモリデータベースです。アクセストークンは有効期限が切れるとともに無効化すべき一時的なデータです。そのため、RDBMSを使った永続化は行いません。

　また、スケールアウトしてアプリケーションの仮想サーバーやコンテナが複数台稼働している可能性や、そもそも数分前と同じ仮想サーバーが稼働していない可能性があるクラウドネイティブなアプリケーションにおいて、リクエストを処理するAPIサーバーがアクセストークンを払い出した同じAPIサーバーだという前提条件を置いてはいけません。仮想サーバーやコンテナはステートレスである必要があるため、一時的なデータでもRedisなどを利用してミドルウェア上で保管して共有する必要があります。

■ Docker Compose上でRedisを起動する

　ローカルマシンではDocker Compose上にRedisを構築します。コンテナイメージを利用すればRedisもDocker Composeの設定ファイルに追記するだけで起動できます。

　リスト20.1は `docker-compose.yml` ファイルに設定を追加する前後の差分です。 `app` サービスにはアプリケーションがRedisへの接続情報を読み込むための環境変数を追加しておきます。なお、ローカルマシン上で起動済みのRedisプロセスとポート番号が競合するのを避けるため、デフォルトポート番号と異なるポート番号にバインドしています。

▼リスト20.1　Docker Compose上でRedisを起動する

```
      TODO_DB_DATABASE: todo
+     TODO_REDIS_HOST: todo-redis
+     TODO_REDIS_PORT: 6379
    volumes:
      - .:/app
    ports:
      - "18000:8080"
    todo-db:
    image: mysql:8.0.29
    platform: linux/amd64
# 中略
      - $PWD/_tools/mysql/conf.d:/etc/mysql/conf.d:cached
    ports:
      - "33306:3306"
+   todo-redis:
+     image: "redis:latest"
```

▼

20

RedisとJWTを用いた認証・認可機能の実装

223

```
+    container_name: todo-redis
+    ports:
+      - "36379:6379"
+    volumes:
+      - todo-redis-data:/data
  volumes:
    todo-db-data:
+   todo-redis-data:
```

make down コマンドでDocker Composeで起動しているローカル開発環境を終了し、**make up** コマンドを実行してRedisコンテナが起動することを確認しましょう。

▼リスト20.2　Redisコンテナの起動

```
$ make up
docker compose up -d
[+] Running 4/4
 ⋮ Network go_todo_app_default   Created                    0.0s
 ⋮ Container todo-db             Started                    0.5s
 ⋮ Container todo-redis          Started                    0.5s
 ⋮ Container go_todo_app-app-1   Started                    0.5s
```

なお、RedisにもMedis[1]のようなGUIクライアントが存在します。動作確認のときなどに備えてインストールしておくと便利です。

GitHub Actionsのワークフロー上でRedisを起動する

GitHub Actions上でRedisを起動するにはMySQLを起動したときと同様にサービスコンテナとしてRedisコンテナを起動します[2]。

自動テストはGitHub Actionsのホストマシン上で直接実行されているジョブのため、**ports** を使ってホストマシンにポートをマッピングする必要があります。**options** はRedisが起動するまでジョブの実行を待機するためのコマンドです。

▼リスト20.3　自動テスト用のActionsにRedisのサービスコンテナ定義を追加する

```
        MYSQL_USER: todo
        MYSQL_PASSWORD: todo
+   redis:
+     image: redis
+     options: >-
+       --health-cmd "redis-cli ping"
+       --health-interval 10s
+       --health-timeout 5s
+       --health-retries 5
+     ports:
+       - 6379:6379
    steps:
```

[1]:https://getmedis.com/
[2]:https://docs.github.com/ja/actions/using-containerized-services/creating-redis-service-containers

▥ Redisを利用するためのアプリケーションコードの準備

動作確認のためにRedisを立ち上げる準備ができたので、Redisを使ってデータを操作する **store/kvs.go** ファイルを作成します。Redisクライアントとして多く使われている **github. com/go-redis/redis/v8** パッケージを **go get** コマンドで取得しておきます[3]。

リスト20.4はRedisクライアントを使ってRedisへの接続する ***store.KVS** 型の値を初期化するコードです。アクセストークンを取り扱うためのメソッドも定義しています。

今回はアクセストークンのID（JWTの **Claim** の **jti** 属性）をキーとして、値にはユーザーのIDを保存する設計にしています。 ***store.KVS.Save** メソッドや ***store.KVS.Load** メソッドではプリミティブ型の **int64** ではなく、**entity.UserID** 型をシグネチャに利用することでデータの誤取り扱いを防ぎます。

▼リスト20.4　Redisを利用したアクセストークンを管理するためのキーバリューストア

```
package store

import (
  "context"
  "fmt"
  "strconv"
  "time"

  "github.com/budougumi0617/go_todo_app/config"
  "github.com/budougumi0617/go_todo_app/entity"
  "github.com/go-redis/redis/v8"
)

func NewKVS(ctx context.Context, cfg *config.Config) (*KVS, error) {
  cli := redis.NewClient(&redis.Options{
    Addr: fmt.Sprintf("%s:%d", cfg.RedisHost, cfg.RedisPort),
  })
  if err := cli.Ping(ctx).Err(); err != nil {
    return nil, err
  }
  return &KVS{Cli: cli}, nil
}

type KVS struct {
  Cli *redis.Client
}

func (k *KVS) Save(ctx context.Context, key string, userID entity.UserID) error {
  id := int64(userID)
  return k.Cli.Set(ctx, key, id, 30*time.Minute).Err()
}

func (k *KVS) Load(ctx context.Context, key string) (entity.UserID, error) {
```

▼

```
  id, err := k.Cli.Get(ctx, key).Int64()
  if err != nil {
    return 0, fmt.Errorf("failed to get by %q: %w", key, ErrNotFound)
  }
  return entity.UserID(id), nil
}
```

　環境変数からRedisへの接続設定を読み込むため、**config.Config** 型にもリスト20.5の
ように **RedisHost** フィールドと **RedisPort** フィールドを追加しておきます。デフォルト値とし
てはDocker Composeで起動したときの値を設定しています。

▼リスト20.5　環境変数からRedisの接続情報を読み取る

```
type Config struct {
    Env        string `env:"TODO_ENV" envDefault:"dev"`
    Port       int    `env:"PORT" envDefault:"80"`
    DBHost     string `env:"TODO_DB_HOST" envDefault:"127.0.0.1"`
    DBPort     int    `env:"TODO_DB_PORT" envDefault:"33306"`
    DBUser     string `env:"TODO_DB_USER" envDefault:"todo"`
    DBPassword string `env:"TODO_DB_PASSWORD" envDefault:"todo"`
    DBName     string `env:"TODO_DB_NAME" envDefault:"todo"`
    RedisHost  string `env:"TODO_REDIS_HOST" envDefault:"127.0.0.1"`
    RedisPort  int    `env:"TODO_REDIS_PORT" envDefault:"36379"`
}
```

▌▌▌「KVS」型に対するテストを実装する

　store/kvs.go ファイルに実装した **KVS** 型のメソッドに対してテストを用意します。ここ
では起動した実際のRedisを利用するテストコードを実装します。

▶ テスト環境ごとに接続を変更するRedisのテストヘルパー

　testuil/db.go ファイルに作成した **OpenDBForTest** 関数のように、テストの実行環
境によって異なるRedisの接続情をの差分を吸収するための **OpenRedisForTest** 関数を
実装しておきます。

　リスト20.6が **testuil/kvs.go** ファイルに用意するRedisの動作確認用のテストヘル
パーです。MySQLのテスト用に実装した **OpenDBForTest** と同様に環境変数を確認して
GitHub Actions上だと判断した場合は異なる接続設定を利用してRedisへの接続を実施し
ます。

▼リスト20.6　ローカルマシンとCI環境上で接続方法を変更する

```
package testutil

import (
    "context"
    "fmt"
    "os"
```

```
    "testing"

    "github.com/go-redis/redis/v8"
)

func OpenRedisForTest(t *testing.T) *redis.Client {
  t.Helper()

  host := "127.0.0.1"
  port := 36379
  if _, defined := os.LookupEnv("CI"); defined {
    port = 6379
  }
  client := redis.NewClient(&redis.Options{
    Addr:     fmt.Sprintf("%s:%d", host, port),
    Password: "",
    DB:       0, // default database number
  })
  if err := client.Ping(context.Background()).Err(); err != nil {
    t.Fatalf("failed to connect redis: %s", err)
  }
  return client
}
```

▶「KVS」型の各メソッドに対するテストコード

リスト20.7は store/kvs_test.go ファイルに実装した *store.KVS.Save メソッドに対するテストコードです。実行後は t.Cleanup メソッドでRedisに保存したデータを削除しておきます。

TestKVS_Save 関数の名前をキーに利用しています。同じ関数名は実装できないので、Redisを利用するすべてのテストケースが同様の命名規則でキーを作成していればキーが衝突することはありません。

▼リスト20.7 「*store.KVS.Save」メソッドに対するテスト

```
package store

import (
  "context"
  "testing"
  "time"

  "github.com/budougumi0617/go_todo_app/entity"
  "github.com/budougumi0617/go_todo_app/testutil"
)

func TestKVS_Save(t *testing.T) {
```

```
      t.Parallel()

      cli := testutil.OpenRedisForTest(t)

      sut := &KVS{Cli: cli}
      key := "TestKVS_Save"
      uid := entity.UserID(1234)
      ctx := context.Background()
      t.Cleanup(func() {
        cli.Del(ctx, key)
      })
      if err := sut.Save(ctx, key, uid); err != nil {
        t.Errorf("want no error, but got %v", err)
      }
    }
```

　リスト20.8は **store/kvs_test.go** ファイルに追加で実装した ***store.KVS.Load** メソッドに対するテストです。 **TestKVS_Load** 関数の中に2つのテストケースを実装しています。それぞれはテスト実行後の検証方法が異なるのでテーブル駆動テストとして実装するのではなく **t.Run** メソッドを利用してサブテストとして実装しています。

　サブテストごとに **Redis** クライアントを作成する必要はないため、**TestKVS_Load** 関数の中で初期化した ***store.KVS** 型の値を共有しています。

▼リスト20.8　「*store.KVS.Load」メソッドに対するテスト

```
func TestKVS_Load(t *testing.T) {
  t.Parallel()

  cli := testutil.OpenRedisForTest(t)
  sut := &KVS{Cli: cli}

  t.Run("ok", func(t *testing.T) {
    t.Parallel()

    key := "TestKVS_Load_ok"
    uid := entity.UserID(1234)
    ctx := context.Background()
    cli.Set(ctx, key, int64(uid), 30*time.Minute)
    t.Cleanup(func() {
      cli.Del(ctx, key)
    })
    got, err := sut.Load(ctx, key)
    if err != nil {
      t.Fatalf("want no error, but got %v", err)
    }
    if got != uid {
      t.Errorf("want %d, but got %d", uid, got)
```

```
    }
  })

  t.Run("notFound", func(t *testing.T) {
    t.Parallel()

    key := "TestKVS_Save_notFound"
    ctx := context.Background()
    got, err := sut.Load(ctx, key)
    if err == nil || !errors.Is(err, ErrNotFound) {
      t.Errorf("want %v, but got %v(value = %d)", ErrNotFound, err, got)
    }
  })
}
```

　テストケースの実装が終わったら **make test** コマンドでテストが成功することを確認し、PRを作成してGitHub Actions上でもRedisが起動し、テストが成功することを確認しましょう。

JWTで行う署名の準備

　本章ではJWTをアクセストークンとして利用します。アクセストークンは秘密鍵と公開鍵を利用したRS256形式の署名を行うので、まずは2つの鍵を作成します。

▐▌ opensslコマンドの準備

　macOS上で公開鍵と秘密鍵を作成するために `openssl` コマンドをインストールします。`brew` コマンドが利用できるならば次のコマンド手順で最新の `openssl` コマンドがインストールできます。

▼リスト20.9　「openssl」コマンドのインストール

```
$ brew install openssl
$ echo 'export PATH="/opt/homebrew/opt/openssl@3/bin:$PATH"' >> ~/.zshrc
$ source ~/.zshrc
$ openssl version
OpenSSL 3.0.3 3 May 2022 (Library: OpenSSL 3.0.3 3 May 2022)
```

▐▌ 秘密鍵と公開鍵の作成

　`openssl` コマンドのインストールができれば検証用の鍵のペアは簡単に作成することができます。次のコマンドを実行して秘密鍵と公開鍵のペアを作成します。

▼リスト20.10　秘密鍵と公開鍵のペアの作成

```
$ openssl genrsa 4096 > secret.pem
$ openssl rsa -pubout < secret.pem > public.pem
```

　作成した `secret.pem` と `public.pem` は `auth/cert` ディレクトリに保存しておきます。
　Redisと鍵の準備ができたので、JWTに基づいたアクセストークンを発行する実装を始めます。

SECTION-084

JWTを用いたアクセストークンの作成

　ログインが成功したときに発行するアクセストークンとしてJWTを利用します。JWTの生成には `github.com/lestrrat-go/jwx` パッケージ[4]と `github.com/google/uuid` パッケージ[5]を利用します。実装を開始する前に `go get` コマンドを実行しておきます。

▼リスト20.11　「go get」コマンドの実行

```
$ go get github.com/lestrrat-go/jwx/v2
$ go get github.com/google/uuid
```

▐▐▐ JWTについて

　JWT（JSON Web Token）はBase64URLエンコードされたJSONを使って二者間で情報をやり取りするための手段です。その仕様はRFC7519[6]で定義されています。

　実際に利用する際はトークンの中身の改ざんを防ぐため、JWTに対して署名を行ってやり取りすることになります。そのため、JWTは署名と暗号化に関わる関連仕様があります[7]。これらは総称してJOSE（JSON Object Signing and Encryption）と呼ばれます。

　署名に利用されるアルゴリズムはいくつかありますが、今回は秘密鍵と共通鍵を利用したRS256形式を採用します。

　なお、JOSE全体について知りたい場合はまず `github.com/lestrrat-go/jwx` パッケージにあるドキュメント[8]を読むのがおすすめです。また、Auth0[9]が作成した `jwt.io` [10]も見るとよいでしょう。

▐▐▐ 「go:embed」を使ったファイルの埋め込み

　`auth/jwt.go` ファイルを作成し、アクセストークンを扱うコードを実装していきます。

　まず先ほど作成した `auth/cert/public.pem` と `auth/cert/secret.pem` ファイルの中身へGoのコードからアクセスできるようにします。思いつくのはファイルを開いて読み取る `os.ReadFile` 関数の利用です。しかし、ファイルを読み込む実装にすると、実行バイナリの他にファイルも適切なファイルパスで実行環境に展開しておく運用が必要になります。これではGoでアプリケーションを開発するメリットの1つとして挙げたシングルバイナリで実行可能というメリットが消えてしまいます。

　この問題を解決するのが `go:embed` ディレクティブを使って実行バイナリにファイルを埋め込む方法です。以前からOSSで `go:embed` ディレクティブに類するファイル埋め込みの方法は存在しましたが、Go 1.16より標準パッケージの機能として提供されることになりました[11]。

---

[4]:https://github.com/lestrrat-go/jwx
[5]:https://github.com/google/uuid
[6]:https://datatracker.ietf.org/doc/html/rfc7519
[7]:JWS（JSON Web Signatures）、JWE（JSON Web Encryption）、JWK（JSON Web Key）
[8]:https://github.com/lestrrat-go/jwx/blob/v2.0.2/docs/00-anatomy.md
[9]:https://auth0.com/
[10]:https://jwt.io
[11]:https://go.dev/doc/go1.16

　リスト20.12は go:embed ディレクティブを使って auth/cert/public.pem と auth/
cert/secret.pem ファイルを2つの変数に埋め込んだコードです。go:embed ディレクティ
ブでは auth/jwt.go ファイルから auth/cert/public.pem などを参照しているため、
このような指定パスになります。 embed パッケージの import が必要になるため、ブランクイ
ンポートで embed パッケージをインポートしておきます。

▼リスト20.12　「go:embed」ディレクティブを使ったファイルの埋め込み

```go
package auth

import (
  _ "embed"
)

//go:embed cert/secret.pem
var rawPrivKey []byte

//go:embed cert/public.pem
var rawPubKey []byte
```

　動作確認用のテストコードが auth/jwt_test.go ファイルとして作成したリスト20.13の
TestEmbed 関数です。 rawPrivKey 変数などは一見すると初期化されていないように
見えますが、鍵データが代入されるため、このテストケースは成功します。

▼リスト20.13　「go:embed」ディレクティブの動作確認

```go
package auth

import (
  "bytes"
  "testing"
)

func TestEmbed(t *testing.T) {
  want := []byte("-----BEGIN PUBLIC KEY-----")
  if !bytes.Contains(rawPubKey, want) {
    t.Errorf("want %s, but got %s", want, rawPubKey)
  }
  want = []byte("-----BEGIN PRIVATE KEY-----")
  if !bytes.Contains(rawPrivKey, want) {
    t.Errorf("want %s, but got %s", want, rawPubKey)
  }
}
```

　go:embed ディレクティブを使って鍵ファイルの内容を実行バイナリに埋め込むことができ
るので、デプロイフローでは以前と同様に go build コマンドによって生成されたシングルバ
イナリを実行環境に配置するだけでデプロイが完了します。

　なお、本書ではハンズオンのため、鍵ファイルをそのまま配置してGitHubのリポジトリにもコミットしていますが、実業務では秘密鍵をリポジトリに含めてはいけません。また、実際は開発環境と本番環境で利用する鍵ファイルは異なるものになるでしょう。

　Go 1.18時点で go:embed ディレクティブは環境変数などを使って指定するファイル名を変更することはできません。そのため、実際のデプロイではデプロイパイプライン上で go build コマンド実行前にその環境の鍵ファイルを指定のパスに配置するようなステップを作成する必要があります。

■■■ 「JWTer」構造体の宣言

　go:embed ディレクティブによってGoのコードから鍵ファイルにアクセスが可能になりました。しかし、このままでは鍵ファイルもただのバイト配列でしかありません。ファイルを読み込んで「鍵」としてデータを構築する必要があります。リクエストを処理するたびに同じ内容のバイト配列から「鍵」を作成する必要はありません。そのため、アプリケーション起動時に「鍵」として読み込んだデータを保持する auth.JWTer 型を auth/jwt.go ファイルに定義します。

　auth.JWTer 型には作成したJWTをキーバリューストアに保存する auth.Store インターフェースのフィールドも定義しておきます。

▼リスト20.14　「JWTer」構造体と初期化関数の定義

```
type JWTer struct {
  PrivateKey, PublicKey jwk.Key
  Store          Store
  Clocker        clock.Clocker
}

//go:generate go run github.com/matryer/moq -out moq_test.go . Store
type Store interface {
  Save(ctx context.Context, key string, userID entity.UserID) error
  Load(ctx context.Context, key string) (entity.UserID, error)
}

func NewJWTer(s Store) (*JWTer, error) {
  j := &JWTer{Store: s}
  privkey, err := parse(rawPrivKey)
  if err != nil {
    return nil, fmt.Errorf("failed in NewJWTer: private key: %w", err)
  }
  pubkey, err := parse(rawPubKey)
  if err != nil {
    return nil, fmt.Errorf("failed in NewJWTer: public key: %w", err)
  }
  j.PrivateKey = privkey
  j.PublicKey = pubkey
  j.Clocker = clock.RealClocker{}
  return j, nil
```
▼

```
  }

func parse(rawKey []byte) (jwk.Key, error) {
  key, err := jwk.ParseKey(rawKey, jwk.WithPEM(true))
  if err != nil {
    return nil, err
  }
  return key, nil
}
```

parse 関数は github.com/lestrrat-go/jwx/v2/jwk パッケージの jwk.Parse Key 関数を使って鍵の情報が含まれるバイト配列から github.com/lestrrat-go/jwx パッケージで利用可能な jwk.Key インターフェースを満たす型の値を取得します。

JWTer.Store フィールドは NewJWTer 関数の外部からDIする構造にしておきます。JWT のクレームには発行時刻などを入れる項目があるため、JWTer.Clocker フィールドを使うことで時刻情報を操作可能にしておきます。

実装が終わった後は make generate コマンドを使って Store インターフェースのモックコードを自動生成しておきます。

JWTを発行する「GenerateToken」メソッドの実装

鍵と github.com/lestrrat-go/jwx/v2/jwt パッケージを使って署名済みのJWT を作成する *auth.JWTer.GenerateToken メソッドの実装がリスト20.15です。引数で渡されたユーザー(entity.User 型の値)に対してJWTを発行します。

実装ではまずJWTの中身を github.com/lestrrat-go/jwx/v2/jwt パッケージが提供するビルダーパターンで組み立てます。JWTの発行時刻と有効期限は *auth.JWTer. Clocker フィールドを使って設定することで外部から時刻を変更可能にしておきます。

JWTを識別するための jti には JwtID メソッドを通じて github.com/google/uuid パッケージの New 関数を使って生成したUUIDを設定しています。また、独自のクレームとしてユーザー名とユーザーのロールも追加しています。作成したJWTの ID とユーザーの ID を auth. Store.Save メソッドでRedisに保存しておくことで発行したJWTをアプリケーションで管理します。

最後に github.com/lestrrat-go/jwx/v2/jwt パッケージの Sign 関数と秘密鍵の情報でJWTに署名してトークン文字列を作成しています。

▼リスト20.15　JWTを発行する「GenerateToken」メソッドの実装

```
const (
  RoleKey     = "role"
  UserNameKey = "user_name"
)

func (j *JWTer) GenerateToken(ctx context.Context, u entity.User) ([]byte, error) {
  tok, err := jwt.NewBuilder().
    JwtID(uuid.New().String()).
```

```
        Issuer(`github.com/budougumi0617/go_todo_app`).
        Subject("access_token").
        IssuedAt(j.Clocker.Now()).
        Expiration(j.Clocker.Now().Add(30*time.Minute)).
        Claim(RoleKey, u.Role).
        Claim(UserNameKey, u.Name).
        Build()
    if err != nil {
        return nil, fmt.Errorf("GetToken: failed to build token: %w", err)
    }
    if err := j.Store.Save(ctx, tok.JwtID(), u.ID); err != nil {
        return nil, err
    }

    signed, err := jwt.Sign(tok, jwt.WithKey(jwa.RS256, j.PrivateKey))
    if err != nil {
        return nil, err
    }
    return signed, nil
}
```

▶ フィクスチャ関数の実装

　GenerateToken メソッドに対するテストコードを作る前にフィクスチャを作成するテストヘルパーを実装します。フィクスチャとはテストコードで必要となるダミーの事前データです。

　複数のテストコードで事前に作成が必要になる型が多数のフィールドを持つ場合、事前データを作成するだけでテストコードの行数が増えていきます。また、構造体のフィールドが増減したとき、すべてのテストコードの事前データの宣言をメンテするのも手間がかかります。そのため、テストヘルパーとしてダミーデータの生成関数を用意しておくとアプリケーションのコードベースが大きくなったときにも便利です。

　リスト20.16は各フィールドに有効な値がセットされた *entity.User 型の値を生成するフィクスチャ関数です。 testutil/fixture/user.go ファイルとして保存しておきます。テストコード中にいずれかのフィールドの値を利用する場合は引数の u を経由して特定の値をフィールドに設定します。

▼リスト20.16　「*entity.User」型の値を生成するフィクスチャ関数

```
package fixture

import (
    "math/rand"
    "strconv"
    "time"

    "github.com/budougumi0617/go_todo_app/entity"
)
```

```
func User(u *entity.User) *entity.User {
  result := &entity.User{
    ID:       entity.UserID(rand.Int()),
    Name:     "budougumi" + strconv.Itoa(rand.Int())[:5],
    Password: "password",
    Role:     "admin",
    Created:  time.Now(),
    Modified: time.Now(),
  }
  if u == nil {
    return result
  }
  if u.ID != 0 {
    result.ID = u.ID
  }
  if u.Name != "" {
    result.Name = u.Name
  }
  if u.Password != "" {
    result.Password = u.Password
  }
  if u.Role != "" {
    result.Role = u.Role
  }
  if !u.Created.IsZero() {
    result.Created = u.Created
  }
  if !u.Modified.IsZero() {
    result.Modified = u.Modified
  }
  return result
}
```

　なお、本書では素朴なフィクスチャ関数の実装を紹介しましたが、@youxkei[12]さんが書かれた「Goでテストのフィクスチャをいい感じに書く」という記事[13]の方法やOSSを利用してしてダミーデータを生成してもよいでしょう。

▶「GenerateToken」メソッドに対するテストコード

　リスト20.17は GenerateToken メソッドに対するテストコードです。先ほど作成したフィクスチャ関数と自動生成したモック関数を利用しています。

　Store インターフェースを満たす型の値として *StoreMock 型の値を利用します。*StoreMock 型には Save メソッドの振る舞いとして引数として渡された userID を検証する振る舞いを定義しておきます。GenerateToken メソッドの引数の entity.User 型の値は先ほど作成した fixture.User 関数で生成したテストデータです。

[12]:https://twitter.com/youxkei
[13]:https://engineering.mercari.com/blog/entry/20220411-42fc0ba69c

20

RedisとJWTを用いた認証・認可機能の実装

▼リスト20.17 「GenerateToken」メソッドに対するテストコード

```go
func TestJWTer_GenerateToken(t *testing.T) {
  ctx := context.Background()
  moq := &StoreMock{}
  wantID := entity.UserID(20)
  u := fixture.User(&entity.User{ID: wantID})
  moq.SaveFunc = func(ctx context.Context, key string, userID entity.UserID) error {
    if userID != wantID {
      t.Errorf("want %d, but got %d", wantID, userID)
    }
    return nil
  }
  sut, err := NewJWTer(moq, clock.RealClocker{})
  if err != nil {
    t.Fatal(err)
  }
  got, err := sut.GenerateToken(ctx, *u)
  if err != nil {
    t.Fatalf("not want err: %v", err)
  }
  if len(got) == 0 {
    t.Errorf("token is empty")
  }
}
```

HTTPリクエストからJWTを取得する

JWTを生成する実装の次はトークンを取得するメソッドを実装します。このハンズオンではサーバー側はクライアントからのHTTPリクエストの **Authorization** リクエストヘッダーにJWTが付与されていることを想定します。

JWTを取得するための実装がリスト20.18です。**github.com/lestrrat-go/jwx/v2/jwt** パッケージの **jwt.ParseRequest** 関数[14]を利用するとHTTPリクエストからJWTである **jwt.Token** インターフェースを満たす型の値が取得できます。

jwt.WithKey 関数は署名を検証するアルゴリズムと利用する鍵を指定しています。**jwt.WithValidate** 関数を使うことで検証は無視しています。これはDIしている ***auth.JWTer.Clocker** フィールドをベースに検証を行うためです。

jwt.Validate 関数[15]で時刻情報を柔軟に変更しながら検証します。さらに共有メモリ上にJWTのIDが保存されているか検証しています。

▼リスト20.18 HTTPリクエストからJWTを取得する「GetToken」メソッドの実装

```go
func (j *JWTer) GetToken(ctx context.Context, r *http.Request) (jwt.Token, error) {
  token, err := jwt.ParseRequest(
    r,
    jwt.WithKey(jwa.RS256, j.PublicKey),
```

▼

[14]:https://pkg.go.dev/github.com/lestrrat-go/jwx/v2@v2.0.2/jwt#ParseRequest
[15]:https://pkg.go.dev/github.com/lestrrat-go/jwx/v2@v2.0.2/jwt#Validate

20

Redis と JWT を用いた認証・認可機能の実装

```
      jwt.WithValidate(false),
    )
    if err != nil {
      return nil, err
    }
    if err := jwt.Validate(token, jwt.WithClock(j.Clocker)); err != nil {
      return nil, fmt.Errorf("GetToken: failed to validate token: %w", err)
    }
    // Redisから削除して手動でexpireさせていることもありうる。
    if _, err := j.Store.Load(ctx, token.JwtID()); err != nil {
      return nil, fmt.Errorf("GetToken: %q expired: %w", token.JwtID(), err)
    }
    return token, nil
}
```

▶「GetToken」メソッドに対するテストコード

　*auth.JWTer.GetToken メソッドに対するテストコードとして用意したものが成功系を検証する **TestJWTer_GetToken** 関数です。実装はリスト20.19になります。

　次のような流れでテストの準備をしています。

■1 「clock.FixedClocker」型で時刻を固定する。

■2 JWTを作って署名済みのアクセストークン文字列を用意する。

■3 モックを使って共有メモリへの保存をすげ替える。

■4 作成したアクセストークン文字列を使ったHTTPリクエストを作成する。

▼リスト20.19　「*auth.JWTer.GetToken」メソッドが成功するテストケース

```
func TestJWTer_GetToken(t *testing.T) {
  t.Parallel()

  c := clock.FixedClocker{}
  want, err := jwt.NewBuilder().
    JwtID(uuid.New().String()).
    Issuer(`github.com/budougumi0617/go_todo_app`).
    Subject("access_token").
    IssuedAt(c.Now()).
    Expiration(c.Now().Add(30*time.Minute)).
    Claim(RoleKey, "test").
    Claim(UserNameKey, "test_user").
    Build()
  if err != nil {
    t.Fatal(err)
  }
  pkey, err := jwk.ParseKey(rawPrivKey, jwk.WithPEM(true))
  if err != nil {
    t.Fatal(err)
  }
```

```
signed, err := jwt.Sign(want, jwt.WithKey(jwa.RS256, pkey))
if err != nil {
  t.Fatal(err)
}
userID := entity.UserID(20)

ctx := context.Background()
moq := &StoreMock{}
moq.LoadFunc = func(ctx context.Context, key string) (entity.UserID, error) {
  return userID, nil
}
sut, err := NewJWTer(moq, c)
if err != nil {
  t.Fatal(err)
}

req := httptest.NewRequest(
  http.MethodGet,
  `https://github.com/budougumi0617`,
  nil,
)
req.Header.Set(`Authorization`, fmt.Sprintf(`Bearer %s`, signed))
got, err := sut.GetToken(ctx, req)
if err != nil {
  t.Fatalf("want no error, but got %v", err)
}
if !reflect.DeepEqual(got, want) {
  t.Errorf("GetToken() got = %v, want %v", got, want)
}
}
```

次に *auth.JWTer.GetToken メソッドの失敗ケースに対してテストコードを実装したものがリスト20.20です。基本的な流れはリスト20.19と同じです。有効期限切れのトークンが利用された場合とRedis上にデータが残っていなかった場合を想定してDIする時刻情報やモックの戻り値を変更しています。

▼リスト20.20 「*auth.JWTer.GetToken」メソッドが失敗するテストケース

```
type FixedTomorrowClocker struct{}

func (c FixedTomorrowClocker) Now() time.Time {
  return clock.FixedClocker{}.Now().Add(24 * time.Hour)
}

func TestJWTer_GetToken_NG(t *testing.T) {
  t.Parallel()
```

```
c := clock.FixedClocker{}
tok, err := jwt.NewBuilder().
  JwtID(uuid.New().String()).
  Issuer(`github.com/budougumi0617/go_todo_app`).
  Subject("access_token").
  IssuedAt(c.Now()).
  Expiration(c.Now().Add(30*time.Minute)).
  Claim(RoleKey, "test").
  Claim(UserNameKey, "test_user").
  Build()
if err != nil {
  t.Fatal(err)
}
pkey, err := jwk.ParseKey(rawPrivKey, jwk.WithPEM(true))
if err != nil {
  t.Fatal(err)
}
signed, err := jwt.Sign(tok, jwt.WithKey(jwa.RS256, pkey))
if err != nil {
  t.Fatal(err)
}

type moq struct {
  userID entity.UserID
  err    error
}
tests := map[string]struct {
  c   clock.Clocker
  moq moq
}{
  "expire": {
    // トークンのexpire時間より未来の時間を返す
    c: FixedTomorrowClocker{},
  },
  "notFoundInStore": {
    c: clock.FixedClocker{},
    moq: moq{
      err: store.ErrNotFound,
    },
  },
}
for n, tt := range tests {
  tt := tt
  t.Run(n, func(t *testing.T) {
    t.Parallel()

    ctx := context.Background()
```

```
moq := &StoreMock{}
moq.LoadFunc = func(ctx context.Context, key string) (entity.UserID, error) {
  return tt.moq.userID, tt.moq.err
}
sut, err := NewJWTer(moq, tt.c)
if err != nil {
  t.Fatal(err)
}

req := httptest.NewRequest(
  http.MethodGet,
  `https://github.com/budougumi0617`,
  nil,
)
req.Header.Set(`Authorization`, fmt.Sprintf(`Bearer %s`, signed))
got, err := sut.GetToken(ctx, req)
if err == nil {
  t.Errorf("want error, but got nil")
}
if got != nil {
  t.Errorf("want nil, but got %v", got)
}
})
  }
}
```

▌▌▌ JWTの情報を「context.Context」型の値に入れる

JWTの生成・取得ができるようになりました。しかしアプリケーションコードで常にJWTを引き回すのは冗長です。そのため、**context.Context** 型の値にJWTから取得したユーザーIDとロール権限を設定します。

リスト20.21はJWTに関連した **context.Context** 型の値を操作する実装です。 **context.WithValue** 関数で値を設定するときは **strcut{}** 型で定義したDefined Typeを利用します。

▼リス20.21　JWTに関連した「context.Context」型の値の操作

```
type userIDKey struct{}
type roleKey struct{}

func SetUserID(ctx context.Context, uid entity.UserID) context.Context {
  return context.WithValue(ctx, userIDKey{}, uid)
}

func GetUserID(ctx context.Context) (entity.UserID, bool) {
  id, ok := ctx.Value(userIDKey{}).(entity.UserID)
  return id, ok
```

```go
}

func SetRole(ctx context.Context, tok jwt.Token) context.Context {
  get, ok := tok.Get(RoleKey)
  if !ok {
    return context.WithValue(ctx, roleKey{}, "")
  }
  return context.WithValue(ctx, roleKey{}, get)
}

func GetRole(ctx context.Context) (string, bool) {
  role, ok := ctx.Value(roleKey{}).(string)
  return role, ok
}
```

リスト20.22は一度の操作で ***http.Request** 型の値にユーザーIDやロール権限の情報を含める **FillContext** メソッドの実装です。

▼リスト20.22　JWXから取得したデータを「context.Context」型の値に含める

```go
func (j *JWTer) FillContext(r *http.Request) (*http.Request, error) {
  token, err := j.GetToken(r.Context(), r)
  if err != nil {
    return nil, err
  }
  uid, err := j.Store.Load(r.Context(), token.JwtID())
  if err != nil {
    return nil, err
  }
  ctx := SetUserID(r.Context(), uid)

  ctx = SetRole(ctx, token)
  clone := r.Clone(ctx)
  return clone, nil
}
```

リスト20.23のように管理者権限の有無を検証する **IsAdmin** 関数も用意しておきます。

▼リスト20.23　渡された「context.Context」型の値から管理者権限の有無を確認する

```go
func IsAdmin(ctx context.Context) bool {
  role, ok := GetRole(ctx)
  if !ok {
    return false
  }
  return role == "admin"
}
```

以上でJWTを使ったアクセストークンを利用するための **auth** パッケージの実装を用意できました。次はまずログインエンドポイントを実装します。

ユーザーログインエンドポイントの実装

　ログインに成功したらJWTを使ってアクセストークンを発行するエンドポイントの実装をします。このエンドポイントの概要は次の通りです。

- 「POST /register」エンドポイントで登録済みのユーザーが対象
- 「POST /login」でユーザー名とパスワードを含んだリクエストを受け取る
- 認証に成功したユーザーにはアクセストークンを発行する
  - アクセストークンの有効時間は30分
  - アクセストークンは改ざん防止用に署名がなされ、ログイン情報が含まれる
  - アクセストークンには次の情報が含まれる
    - ユーザー名
    - 権限ロール
- アプリケーションはアクセストークンからユーザーIDを検索できる

「handler」パッケージの実装

　まずは handler パッケージにHTTPハンドラーの実装を追加します。 handler/login.go ファイルとしてリスト20.24を実装します。 *handler.Login.ServeHTTP メソッドは入出力のJSONを整えるだけの責務です。

▼リスト20.24　ログインを受け付けるハンドラーの実装

```go
package handler

import (
  "context"
  "encoding/json"
  "net/http"

  "github.com/go-playground/validator/v10"
)

type Login struct {
  Service   LoginService
  Validator *validator.Validate
}

func (l *Login) ServeHTTP(w http.ResponseWriter, r *http.Request) {
  ctx := r.Context()
  var body struct {
    UserName string `json:"user_name" validate:"required"`
    Password string `json:"password" validate:"required"`
  }
```

▼

```
if err := json.NewDecoder(r.Body).Decode(&body); err != nil {
  RespondJSON(ctx, w, &ErrResponse{
    Message: err.Error(),
  }, http.StatusInternalServerError)
  return
}
err := l.Validator.Struct(body)
if err != nil {
  RespondJSON(ctx, w, &ErrResponse{
    Message: err.Error(),
  }, http.StatusBadRequest)
  return
}
jwt, err := l.Service.Login(ctx, body.UserName, body.Password)
if err != nil {
  RespondJSON(ctx, w, &ErrResponse{
    Message: err.Error(),
  }, http.StatusInternalServerError)
  return
}
rsp := struct {
  AccessToken string `json:"access_token"`
}{
  AccessToken: jwt,
}

RespondJSON(r.Context(), w, rsp, http.StatusOK)
}
```

　　LoginService インターフェースは auth/service.go ファイルに追記し、go:gene
rate ディレクティブにも追加して make generate コマンドを実行しておきます。

▼リスト20.25 「LoginService」インターフェースの定義

```
package handler

import (
  "context"

  "github.com/budougumi0617/go_todo_app/entity"
)

//go:generate go run github.com/matryer/moq -out moq_test.go . ListTasksService AddTaskService
RegisterUserService LoginService
// 他のインターフェースの定義は省略

type LoginService interface {
  Login(ctx context.Context, name, pw string) (string, error)
}
```

▶「handler.Login」型に対するテストコードの実装

　*handler.Login.ServeHTTP メソッドに対するテストコードがリスト20.26です。***hand ler.Login** 型に対しても別ファイルを利用したゴールデンテストとテーブル駆動テストを用意しました。

▼リスト20.26　「*handler.Login.ServeHTTP」メソッドに対する実装

```go
package handler

import (
  "bytes"
  "context"
  "errors"
  "net/http"
  "net/http/httptest"
  "testing"

  "github.com/budougumi0617/go_todo_app/testutil"
  "github.com/go-playground/validator/v10"
)

func TestLogin_ServeHTTP(t *testing.T) {
  type moq struct {
    token string
    err   error
  }
  type want struct {
    status  int
    rspFile string
  }
  tests := map[string]struct {
    reqFile string
    moq     moq
    want    want
  }{
    "ok": {
      reqFile: "testdata/login/ok_req.json.golden",
      moq: moq{
        token: "from_moq",
      },
      want: want{
        status:  http.StatusOK,
        rspFile: "testdata/login/ok_rsp.json.golden",
      },
    },
    "badRequest": {
      reqFile: "testdata/login/bad_req.json.golden",
```

▼

```go
          want: want{
            status:  http.StatusBadRequest,
            rspFile: "testdata/login/bad_req_rsp.json.golden",
          },
        },
        "internal_server_error": {
          reqFile: "testdata/login/ok_req.json.golden",
          moq: moq{
            err: errors.New("error from mock"),
          },
          want: want{
            status:  http.StatusInternalServerError,
            rspFile: "testdata/login/internal_server_error_rsp.json.golden",
          },
        },
      }
      for n, tt := range tests {
        tt := tt
        t.Run(n, func(t *testing.T) {
          t.Parallel()

          w := httptest.NewRecorder()
          r := httptest.NewRequest(
            http.MethodPost,
            "/login",
            bytes.NewReader(testutil.LoadFile(t, tt.reqFile)),
          )

          moq := &LoginServiceMock{}
          moq.LoginFunc = func(ctx context.Context, name, pw string) (string, error) {
            return tt.moq.token, tt.moq.err
          }
          sut := Login{
            Service:   moq,
            Validator: validator.New(),
          }
          sut.ServeHTTP(w, r)

          resp := w.Result()
          testutil.AssertResponse(t,
            resp, tt.want.status, testutil.LoadFile(t, tt.want.rspFile),
          )
        })
      }
    }
```

リスト20.27がテストで利用しているJSONファイルの内容です。

▼リスト20.27 「TestLogin_ServeHTTP」関数で利用しているJSONファイル

```
// handler/testdata/login/bad_req.json.golden
{
  "user_name": "budougumi0617",
  "passward": "test"
}

// handler/testdata/login/bad_req_rsp.json.golden
{
  "message": "Key: 'Password' Error:Field validation for 'Password' failed on the 'required'
tag"
}

// handler/testdata/login/internal_server_error_rsp.json.golden
{
  "message": "error from mock"
}

// handler/testdata/login/ok_req.json.golden
{
  "user_name": "budougumi0617",
  "password": "test"
}

// handler/testdata/login/ok_rsp.json.golden
{
  "access_token": "from_moq"
}
```

なお、handler/testdata/login/bad_req_rsp.json.golden ファイルの中身
のエラーを見ると、"Key: 'Password' Error:Field validation for ...とあ
ります。プログラミング言語固有の情報を外部に対するレスポンスに含めるのは脆弱性につな
がるので本来はレスポンスに含めてはいけません。

■■■ 「service」パッケージの実装

service パッケージに追加した service/login.go ファイルの内容がリスト20.28で
す。テストを考慮して *store.Repository 型と *auth.JWTer を直接参照せず、リスト
20.29のように UserGetter インターフェースや TokenGenerator インターフェースを定義
しています。

*entity.User.ComparePassword メソッドはリスト20.30に書いた通りハッシュ化され
て永続化されていたパスワードと入力されたパスワードを比較するメソッドです。

golang.org/x/crypto/bcrypt パッケージを go get コマンドで取得しておく必要
があります。

247

▼リスト20.28　ログイン情報の検証とアクセストークンの生成を行う

```go
package service

import (
  "context"
  "fmt"

  "github.com/budougumi0617/go_todo_app/store"
)

type Login struct {
  DB              store.Queryer
  Repo            UserGetter
  TokenGenerator TokenGenerator
}

func (l *Login) Login(ctx context.Context, name, pw string) (string, error) {
  u, err := l.Repo.GetUser(ctx, l.DB, name)
  if err != nil {
    return "", fmt.Errorf("failed to list: %w", err)
  }
  if err = u.ComparePassword(pw); err != nil {
    return "", fmt.Errorf("wrong password: %w", err)
  }
  jwt, err := l.TokenGenerator.GenerateToken(ctx, *u)
  if err != nil {
    return "", fmt.Errorf("failed to generate JWT: %w", err)
  }

  return string(jwt), nil
}
```

▼リスト20.29　「service」パッケージに定義されたインターフェース

```go
package service

import (
  "context"

  "github.com/budougumi0617/go_todo_app/entity"
  "github.com/budougumi0617/go_todo_app/store"
)

//go:generate go run github.com/matryer/moq -out moq_test.go . TaskAdder TaskLister
UserRegister UserGetter TokenGenerator
type TaskAdder interface {
  AddTask(ctx context.Context, db store.Execer, t *entity.Task) error
}
```

```go
type TaskLister interface {
  ListTasks(ctx context.Context, db store.Queryer, id entity.UserID) (entity.Tasks, error)
}
type UserRegister interface {
  RegisterUser(ctx context.Context, db store.Execer, u *entily.User) error
}

type UserGetter interface {
  GetUser(ctx context.Context, db store.Queryer, name string) (*entity.User, error)
}

type TokenGenerator interface {
  GenerateToken(ctx context.Context, u entity.User) ([]byte, error)
}
```

▼リスト20.30 「entity/user.go」ファイルに追加実装したパスワード検証ロジック

```go
func (u *User) ComparePassword(pw string) error {
  return bcrypt.CompareHashAndPassword([]byte(u.Password), []byte(pw))
}
```

▐▐▐ 「store」パッケージの実装

リスト20.31は永続化された *entity.User 型の値を取得するための実装です。github.com/jmoiron/sqlx パッケージで定義されている *sqlx.DB.GetContext メソッドを使うとクエリの実行結果が設定された構造体を簡単に取得できます。

▼リスト20.31 「store/user.go」ファイルに追加した「*store.Repository.GetUser」メソッド

```go
func (r *Repository) GetUser(
  ctx context.Context, db Queryer, name string,
) (*entity.User, error) {
  u := &entity.User{}
  sql := `SELECT
    id, name, password, role, created, modified
    FROM user WHERE name = ?`
  if err := db.GetContext(ctx, u, sql, name); err != nil {
    return nil, err
  }
  return u, nil
}
```

■「NewMux」関数でユーザーログインエンドポイントを定義する

　mux.go ファイルの NewMux 関数に POST /login のエンドポイント定義を追加します。

▼リスト20.32　「POST /login」エンドポイントを追加する

```go
func NewMux(ctx context.Context, cfg *config.Config) (http.Handler, func(), error) {
  mux := chi.NewRouter()
  mux.HandleFunc("/health", func(w http.ResponseWriter, r *http.Request) {
    w.Header().Set("Content-Type", "application/json; charset=utf-8")
    _, _ = w.Write([]byte(`{"status": "ok"}`))
  })
  v := validator.New()
  db, cleanup, err := store.New(ctx, cfg)
  if err != nil {
    return nil, cleanup, err
  }
  clocker := clock.RealClocker{}
  r := store.Repository{Clocker: clocker}
  rcli, err := store.NewKVS(ctx, cfg)
  if err != nil {
    return nil, cleanup, err
  }
  jwter, err := auth.NewJWTer(rcli)
  if err != nil {
    return nil, cleanup, err
  }
  l := &handler.Login{
    Service: &service.Login{
      DB:    db,
      Repo:  &r,
      JWTer: jwter,
    },
    Validator: v,
  }
  mux.Post("/login", l.ServeHTTP)

  // 残りのエンドポイントの定義
```

　これで新しいエンドポイントが増えました。

ユーザーログインエンドポイントの動作確認

POST /login エンドポイントに curl コマンドで登録済みのユーザーの認証情報でログインに成功すると、次のようなレスポンスを得ることができます。

▼リスト20.33　ログイン成功時のレスポンス

```
$ curl -XPOST localhost:18000/login -d '{"user_name": "john", "password":"test"}' | jq
  % Total    % Received % Xferd  Average Speed   Time    Time     Time  Current
                                 Dload  Upload   Total   Spent    Left  Speed
100  1019  100   979  100    40   8475     346 --:--:-- --:--:-- --:--:--  9263
{
  "access_token": "eyJhbGciOiJSUzI1NiIsInR5cCI6IkpXVCJ9.eyJleHAiOjE2NTQwMjg1ODDcsImlhdCI6MTY1N
DAyNjc4NywiaXNzIjoiZ2l0aHViLmNvbS9idWRvdWd1bWkwNjE3L2dvX3RvZG9fYXBwIiwianRpIjoiMjY4M2RhNjgtY
zFmZi00MDUzLTkzZWQtOGMxMTRhZTA0NjQ4Iiwicm9sZSI6InVzZXIiLCJzdWIiOiJhY2Nlc3NfdG9rZW4iLCJ1c2VyX
25hbWUiOiJqb2huIn0.MYfov-drJ_m7Z1N6E8etOww-0PL7QzFmZu4z3F8xLEVVwYPGC6iZB525cAJXebBqmtFR0aFE_
Dh7_3QiiJkXSmn-CE-k1byutRThKXY-I-uUnJc6_dH7GNAZaaHdvjJqUzIsFQikoNERjf2YB3rS_I9PCZBMTlYImwJQo
3spVgGLHCJFsS6iiYc4lZnAbb1VjJkPA1-AsSKM6DnGMTFQc3t8uQIEM8gYsPPFee4jr6aDgKMh8BoO1riROYwq0ulsu
BH-gPG4COYyIe-MSrRXUZrwOcrfVjMrK0sjSA0iLb1KmHO_8eVQ3Ms8YdrdmPeREHFhWX1aiYLRGVx1irNmaF0tEcd4
5u-BBQ8LxA7RUjvfFWkZZAI9xrLfvO3AkkhTFratx1JxSsWzSrolDVF2fSRelnhdr5LcMtX28umGZfqtI2cPtzgGDx6
FQ_NeHhcRYF83PMdbNmcyQs7QB957aY1VlV1SEVFLxpBTc4nwEyG1or_jQl1H2kbGUC2v4LqTyJrjyeFmynugguP0P24J
lE9S-C57jKXd0amFwzAe2p996fZEBSjv8qreQT6O6BCHX7pEJXtgOnCRhsD35I-Ml6C87x9oCBK8ef4qY1VOYWql6Ynj4
oP72dUoDVZhigW2I-PrHgIp0I48qYVMW9jYN-X3X9_Nr_y1BR24k37OQHs"
}
```

レスポンスに含まれていた文字列を https://jwt.io/ で解析した結果がリスト20.34です。標準的なクレームの他に user_name や role といったキー名でユーザー名やロール権限が含まれていることが確認できます。

▼リスト20.34　JWTのクレームの確認

```
{
  "exp": 1654028587,
  "iat": 1654026787,
  "iss": "github.com/budougumi0617/go_todo_app",
  "jti": "2683da68-c1ff-4053-93ed-8c114ae04648",
  "role": "user",
  "sub": "access_token",
  "user_name": "john"
}
```

　図20.1は **jwt.io** 上でアクセストークン文字列を検証してみた結果です。「VERIFY SIGNATURE」のテキストエリアに公開鍵の内容を貼り付けると正しい署名か判定してくれます。

▼図20.1　jwt.ioを利用したJWTの検証

Middlewareパターンを使った
認証機能の実装

　ユーザー名やロール権限を含んだアクセストークンを発行し内容を確認できました。アクセストークンは次回以降のリクエストの **Authorization** ヘッダーに指定して利用することを想定しています。

　認証・認可が必要なエンドポイントを作ってもHTTPヘッダーにJWTとして情報が含まれているだけだと **service** パッケージなどから参照できません。そのため、ミドルウェアを使ってJWTに含まれる認証・認可情報をリクエストの **context.Context** 型を満たす値に設定します。

■ 「http.Request」の「context.Context」型の値へユーザーIDとロールを埋め込む

　まず、**handler/middleware.go** に **context.Context** 型の値にユーザーの情報を埋め込むミドルウェアを作ります。

　リスト20.35の実装はアクセストークンが見つからなかった場合このミドルウェアでリクエストの処理を終了するので認証も兼ねています。ミドルウェアパターンとメソッドシグネチャを合わせるため、クロージャで関数を返す構造になっています。

▼リスト20.35　アクセストークンを確認しユーザーIDとロールを埋め込むミドルウェア

```go
func AuthMiddleware(j *auth.JWTer) func(next http.Handler) http.Handler {
  return func(next http.Handler) http.Handler {
    return http.HandlerFunc(func(w http.ResponseWriter, r *http.Request) {
      req, err := j.FillContext(r)
      if err != nil {
        RespondJSON(r.Context(), w, ErrResponse{
          Message: "not find auth info",
          Details: []string{err.Error()},
        }, http.StatusUnauthorized)
        return
      }
      next.ServeHTTP(w, req)
    })
  }
}
```

ⅠⅠⅠリクエストの送信ユーザーが「admin」ロールなのか検証する

　次のリスト20.36の実装はロール権限を確認するミドルウェアです。このミドルウェアは **context.Context** 型の値にユーザー情報が含まれていることを前提とした作りなので、ミドルウェアを適用する際には適用順序に気をつけます。

▼リスト20.36認証情報から「admin」ロールのユーザーか確認するミドルウェア

```
func AdminMiddleware(next http.Handler) http.Handler {
  return http.HandlerFunc(func(w http.ResponseWriter, r *http.Request) {
    if !auth.IsAdmin(r.Context()) {
      RespondJSON(r.Context(), w, ErrResponse{
        Message: "not admin",
      }, http.StatusUnauthorized)
      return
    }
    next.ServeHTTP(w, r)
  })
}
```

SECTION-087

リクエストに含まれた認証・認可情報を使ったエンドポイントの保護

ログイン後はHTTPリクエストに認可・認証情報が付与されるようになりました。 /tasks エンドポイントを修正して認可・認証情報を利用します。

新しい /tasks エンドポイントの概要は次の通りです。

- 「GET /tasks」と「POST /tasks」エンドポイントは認証済みのユーザーしか利用できない
- 「POST /tasks」エンドポイントで新しいタスクを保存したとき、タスクに一緒にユーザー情報を保存する
- 「GET /tasks」エンドポイントを実行したときは自分が登録したタスクのみが一覧される

▌▌▌ テーブル定義をマイグレーションする

まず、各タスクにユーザーの情報を保存するため、task テーブルをマイグレーションします。本書では mysqldef コマンドを利用しているため、_tools/mysql/schema.sql ファイルの task テーブル定義を期待するテーブル定義に書き換えるだけです。

リスト20.37は task テーブルに user_id カラムと外部キー制約を追加したテーブル定義です。 _tools/mysql/schema.sql ファイルを修正した後、make dry-migrate コマンドを実行すると、自動計算された ALTER 文が発行されます。

make migrate コマンドを実行すればマイグレーションが完了します。 task テーブルにレコードが入っていた場合は外部キー制約でマイグレーションが失敗するため、レコードを削除してから実行します。

▼リスト20.37 新しい「task」テーブルの定義

```
CREATE TABLE `task`
(
    `id`       BIGINT UNSIGNED NOT NULL AUTO_INCREMENT COMMENT 'タスクの識別子',
    `user_id`  BIGINT UNSIGNED NOT NULL COMMENT 'タスクを作成したユーザーの識別子',
    `title`    VARCHAR(128) NOT NULL COMMENT 'タスクのタイトル',
    `status`   VARCHAR(20)  NOT NULL COMMENT 'タスクの状態',
    `created`  DATETIME(6) NOT NULL COMMENT 'レコード作成日時',
    `modified` DATETIME(6) NOT NULL COMMENT 'レコード修正日時',
    PRIMARY KEY (`id`),
    CONSTRAINT `fk_user_id`
        FOREIGN KEY (`user_id`) REFERENCES `user` (`id`)
            ON DELETE RESTRICT ON UPDATE RESTRICT
) Engine=InnoDB DEFAULT CHARSET=utf8mb4 COMMENT='タスク';
```

20

Redisとリソースを用いた認証・認可機能の実装

255

▼リスト20.38 「make dry-migrate」コマンドの実行

```
$ make dry-migrate
mysqldef -u todo -p todo -h 127.0.0.1 -P 33306 todo --dry-run < ./_tools/mysql/schema.sql
-- dry run --
ALTER TABLE `task` ADD COLUMN `user_id` bigint UNSIGNED NOT NULL COMMENT 'タスクを作成したユー
ザーの識別子' AFTER `id`;
ALTER TABLE `task` ADD CONSTRAINT `fk_user_id` FOREIGN KEY (`user_id`) REFERENCES `user` (`id`)
ON DELETE RESTRICT ON UPDATE RESTRICT;
```

▌▌▌「entity.Task」構造体の更新

ロジックを修正する前に entity.Task 型を更新します。 entity.Task 型の変更はリスト20.39の通り、**UserID** カラムが増えただけです。

▼リスト20.39 「UserID」の追加

```
type Task struct {
    ID       TaskID     `json:"id" db:"id"`
    UserID   UserID     `json:"user_id" db:"user_id"`
    Title    string     `json:"title" db:"title"`
    Status   TaskStatus `json:"status" db:"status"`
    Created  time.Time  `json:"created" db:"created"`
    Modified time.Time  `json:"modified" db:"modified"`
}
```

▌▌▌ログインユーザーのみがタスクの追加・一覧を可能にする

では、まずタスク関連のエンドポイントを認証必須のエンドポイントに修正します。 **mux.go** ファイルにある **NewMux** 関数の中でリスト20.40のような実装を行うだけで実現できます。

github.com/go-chi/chi/v5 パッケージは他のOSSのルーターの実装と変わらず、特定のパスだけでサブルーターを作成できるので、まず **/tasks** エンドポイントだけでサブルーターの定義を開始します。

また、**github.com/go-chi/chi/v5** パッケージは **chi.Router.Use** メソッドによってサブルーターのエンドポイント全体にミドルウェアを適用できます。

▼リスト20.40 「/tasks」エンドポイントに「AuthMiddleware」を適用する

```
at := &handler.AddTask{
    Service:   &service.AddTask{DB: db, Repo: &r},
    Validator: v,
}
lt := &handler.ListTask{
    Service: &service.ListTask{DB: db, Repo: &r},
}
mux.Route("/tasks", func(r chi.Router) {
    r.Use(handler.AuthMiddleware(jwter))
    r.Post("/", at.ServeHTTP)
    r.Get("/", lt.ServeHTTP)
})
```

これでログインしていない場合は /tasks エンドポイントにアクセスできなくなりました。また、HTTPハンドラーの実装は context.Context 型の値からユーザーIDとロール権限を取得できるようになりました。

▌「POST /tasks」でタスクを追加するときはユーザー情報をタスクに残す

アクセストークンからユーザーIDをできるようになったので、entity.Task 型の値を保存する際にユーザーIDも一緒に保存するように変更します。リクエストボディなどには変更がないので、実装の修正は service パッケージからになります。

リスト20.41は auth.GetUserID メソッドを使ってユーザーIDを *entity.Task 型の値にセットするように変更した実装です。

▼リスト20.41　ユーザーIDを取得してからタスクを保存する

```go
package service

import (
  "context"
  "fmt"

  "github.com/budougumi0617/go_todo_app/auth"
  "github.com/budougumi0617/go_todo_app/entity"
  "github.com/budougumi0617/go_todo_app/store"
)

type AddTask struct {
  DB   store.Execer
  Repo TaskAdder
}

func (a *AddTask) AddTask(ctx context.Context, title string) (*entity.Task, error) {
  id, ok := auth.GetUserID(ctx)
  if !ok {
    return nil, fmt.Errorf("user_id not found")
  }
  t := &entity.Task{
    UserID: id,
    Title:  title,
    Status: entity.TaskStatusTodo,
  }
  err := a.Repo.AddTask(ctx, a.DB, t)
  if err != nil {
    return nil, fmt.Errorf("failed to register: %w", err)
  }
  return t, nil
}
```

20

Redis とJWTを用いた認証・認可機能の実装

　*store.Repository.AddTask メソッドへの変更はリスト20.42です。***entity.Task**
型の値のフィールドとして伝達されたユーザーIDをSQLクエリに含める変更をしています。

▼リスト20.42　「user_id」カラムへ対応した「*store.Repository.AddTask」メソッド

```go
func (r *Repository) AddTask(
  ctx context.Context, db Execer, t *entity.Task,
) error {
  sql := `INSERT INTO task
      (user_id, title, status, created, modified)
  VALUES (?, ?, ?, ?, ?)`
  result, err := db.ExecContext(
    ctx, sql, t.UserID, t.Title, t.Status,
    r.Clocker.Now(), r.Clocker.Now(),
  )
  if err != nil {
    return err
  }
  id, err := result.LastInsertId()
  if err != nil {
    return err
  }
  t.ID = entity.TaskID(id)
  return nil
}
```

▊▊▊「GET /tasks」は自分が登録したタスクのみを一覧表示するように変更する

　次に **GET /tasks** の実装も修正します。パスパラメータやリクエストボディが増えたわけ
ではないので、**handler** パッケージの変更はありません。

　リスト20.43は **context.Context** 型の値に含まれるユーザーIDを取得するように修正し
た ***service.ListTask.ListTasks** メソッドです。**auth.GetUserID** 関数を使えば
迷うことはないでしょう。

▼リスト20.43「*service.ListTask.ListTasks」メソッドの実装修正

```go
func (l *ListTask) ListTasks(ctx context.Context) (entity.Tasks, error) {
  id, ok := auth.GetUserID(ctx)
  if !ok {
    return nil, fmt.Errorf("user_id not found")
  }
  ts, err := l.Repo.ListTasks(ctx, l.DB, id)
  if err != nil {
    return nil, fmt.Errorf("failed to list: %w", err)
  }
  return ts, nil
}
```

store パッケージの実装自体の変更もリスト20.44のように引数に増えた **entity.UserID**
型の値を使って **WHERE** 句を追記するだけです。

▼リスト20.44　ユーザーIDを使ってタスクを検索する

```go
func (r *Repository) ListTasks(
  ctx context.Context, db Queryer, id entity.UserID,
) (entity.Tasks, error) {
  tasks := entity.Tasks{}
  sql := `SELECT
        id, user_id, title,
        status, created, modified
      FROM task
      WHERE user_id = ?;`
  if err := db.SelectContext(ctx, &tasks, sql, id); err != nil {
    return nil, err
  }
  return tasks, nil
}
```

しかし、store パッケージの ***store.Repository.ListTasks** メソッド向けのテスト
コードは修正量が少し多いです。

まず、事前データの準備プロセスを修正します。今回の修正で **task** テーブルにユーザー
IDが増えたのでユーザーを定義する必要がありました。リスト20.45では **prepareUser** 関
数を使ってユーザーの仮データを作成します。

prepareTasks 関数は **prepareUser** 関数を使ってタスクを登録します。 **prepare
Tasks** 関数では事前データとして3つタスクが登録されますが、1つはユーザーIDが異なるた
めテスト結果としては2つタスクが取得されます。

▼リスト20.45　「*store.Repository.ListTasks」メソッドに対するテストの準備

```go
package store

import (
  "context"
  "testing"

  "github.com/DATA-DOG/go-sqlmock"
  "github.com/budougumi0617/go_todo_app/clock"
  "github.com/budougumi0617/go_todo_app/entity"
  "github.com/budougumi0617/go_todo_app/testutil"
  "github.com/budougumi0617/go_todo_app/testutil/fixture"
  "github.com/google/go-cmp/cmp"
  "github.com/jmoiron/sqlx"
)

func prepareUser(ctx context.Context, t *testing.T, db Execer) entity.UserID {
```

259

```
    t.Helper()
    u := fixture.User(nil)
    result, err := db.ExecContext(ctx,
      `INSERT INTO user (name, password, role, created, modified)
      VALUES (?, ?, ?, ?, ?);`,
      u.Name, u.Password, u.Role, u.Created, u.Modified,
    )
    if err != nil {
      t.Fatalf("insert user: %v", err)
    }
    id, err := result.LastInsertId()
    if err != nil {
      t.Fatalf("got user_id: %v", err)
    }
    return entity.UserID(id)
}

func prepareTasks(ctx context.Context, t *testing.T, con Execer) (entity.UserID, entity.Tasks) {
    t.Helper()
    userID := prepareUser(ctx, t, con)
    otherUserID := prepareUser(ctx, t, con)
    c := clock.FixedClocker{}
    wants := entity.Tasks{
      {
        UserID: userID,
        Title:  "want task 1", Status: "todo",
        Created: c.Now(), Modified: c.Now(),
      },
      {
        UserID: userID,
        Title:  "want task 2", Status: "done",
        Created: c.Now(), Modified: c.Now(),
      },
    }
    tasks := entity.Tasks{
      wants[0],
      {
        UserID: otherUserID,
        Title:  "not want task", Status: "todo",
        Created: c.Now(), Modified: c.Now(),
      },
      wants[1],
    }
    result, err := con.ExecContext(ctx,
      `INSERT INTO task (user_id, title, status, created, modified)
      VALUES
        (?, ?, ?, ?, ?),
```

```
      (?, ?, ?, ?, ?),
      (?, ?, ?, ?, ?);`,
    tasks[0].UserID, tasks[0].Title, tasks[0].Status, tasks[0].Created, tasks[0].Modified,
    tasks[1].UserID, tasks[1].Title, tasks[1].Status, tasks[1].Created, tasks[1].Modified,
    tasks[2].UserID, tasks[2].Title, tasks[2].Status, tasks[2].Created, tasks[2].Modified,
  )
  if err != nil {
    t.Fatal(err)
  }
  id, err := result.LastInsertId()
  if err != nil {
    t.Fatal(err)
  }
  tasks[0].ID = entity.TaskID(id)
  tasks[1].ID = entity.TaskID(id + 1)
  tasks[2].ID = entity.TaskID(id + 2)
  return userID, wants
}
```

リスト20.46が ***store.Repository.ListTasks** メソッドに対するテスト本体です。事前データ作成の結果として得られるユーザーIDを使ってクエリを実行するように変更します。

▼リスト20.46　「*store.Repository.ListTasks」メソッドに対するテスト

```
func TestRepository_ListTasks(t *testing.T) {
  t.Parallel()

  ctx := context.Background()
  // entity.Taskを作成する他のテストケースと混ざるとテストがフェイルする
  // そのため、トランザクションをはることでこのテストケースの中だけのテーブル状態にする
  tx, err := testutil.OpenDBForTest(t).BeginTxx(ctx, nil)
  // このテストケースが完了したらもとに戻す
  t.Cleanup(func() { _ = tx.Rollback() })
  if err != nil {
    t.Fatal(err)
  }
  wantUserID, wants := prepareTasks(ctx, t, tx)

  sut := &Repository{}
  gots, err := sut.ListTasks(ctx, tx, wantUserID)
  if err != nil {
    t.Fatalf("unexected error: %v", err)
  }
  if d := cmp.Diff(gots, wants); len(d) != 0 {
    t.Errorf("differs: (-got +want)\n%s", d)
  }
}
```

■ 「admin」ロールのユーザーのみがアクセス可能なエンドポイントを作成する

　最後に **AdminMiddleware** の動作確認をするための **/admin** エンドポイントの実装をします。ここではエンドポイントの中身があまり重要ではないので **mux.go** の **NewMux** 関数に直接エンドポイントのHTTPハンドラーの実装を追加します。

　まず、**AdminMiddleware** の影響範囲を **/admin** エンドポイントだけに絞るため、リスト20.40で設定した **/tasks** のようにサブルーターを生成します。

　ミドルウェアの適用順序に気をつけながら実装したのが **apply_admin** です。

▼リスト20.47　「admin」ロールのみアクセスできるエンドポイント

```
mux.Route("/admin", func(r chi.Router) {
  r.Use(handler.AuthMiddleware(jwter), handler.AdminMiddleware)
  r.Get("/", func(w http.ResponseWriter, r *http.Request) {
    w.Header().Set("Content-Type", "application/json; charset=utf-8")
    _, _ = w.Write([]byte(`{"message": "admin only"}`))
  })
})
```

動作確認

以上の実装によりアプリケーションは最終的に表20.1のようなエンドポイントを持つようになりました。

▼表20.1　エンドポイント一覧

HTTPメソッド	パス	概要
POST	/regiser	新しいユーザーを登録する
POST	/login	登録済みユーザー情報でアクセストークンを取得する
POST	/tasks	アクセストークンを使ってタスクを登録する
GET	/tasks	アクセストークンを使ってタスクを一覧する
GET	/admin	管理者権限のユーザーのみがアクセスできる

それぞれのエンドポイントが正しく動いているか確認します。

ユーザーを登録してアクセストークンを発行する

まず新しいユーザーを登録してアクセストークンを発行してみます。`"role":"admin"` を指定しているので、管理者ロールのユーザー登録になります。

▼リスト20.48　アクセストークンの発行

```
$ curl -X POST localhost:18000/register -d '{"name": "admin_user", "password":"test", "role": "admin"}'
{"id":30}
```

誤ったパスワードでログインを試みてもアクセストークンは取得できません。

▼リスト20.49　誤ったパスワードでログインを試みる

```
$ curl -XPOST localhost:18000/login -d '{"user_name": "admin_user", "password":"test?"}'
{"message":"wrong password: crypto/bcrypt: hashedPassword is not the hash of the given password"}
```

正しいパスワードでアクセスすればアクセストークンを発行できました。

▼リスト20.50　正しいパスワードでアクセスする

```
$ curl -XPOST localhost:18000/login -d '{"user_name": "admin_user", "password":"test"}'
{"access_token":"eyJhbGciOiJ....."}
```

タスクを登録して一覧する

先ほど発行したアクセストークンを使ってタスクを操作してみます。まずは POST /tasks エンドポイントを操作して複数のタスクを登録してみましょう。

▼リスト20.51　複数のタスクの登録

```
$ export TODO_TOKEN=eyJhbGciOiJ....
$ curl -XPOST -H "Authorization: Bearer $TODO_TOKEN" localhost:18000/tasks -d @./handler/
testdata/add_task/ok_req.json.golden
{"id":68}
$ curl -XPOST -H "Authorization: Bearer $TODO_TOKEN" localhost:18000/tasks -d @./handler/
testdata/add_task/ok_req.json.golden
{"id":69}
```

GET /tasks エンドポイントを実行して登録したタスクが一覧できることを確認します。

▼リスト20.52　タスクの一覧の確認

```
$ curl -XGET -H "Authorization: Bearer $TODO_TOKEN" localhost:18000/tasks | jq
  % Total    % Received % Xferd  Average Speed   Time    Time     Time  Current
                                 Dload  Upload   Total   Spent    Left  Speed
100  113  100  113    0     0   4827      0 --:--:-- --:--:-- --:--:--  7062
[
  {
    "id": 68,
    "title": "Implement a handler",
    "status": "todo"
  },
  {
    "id": 69,
    "title": "Implement a handler",
    "status": "todo"
  }
]
```

管理者ロールでエンドポイントにアクセスする

管理者権限で登録したユーザーなので、GET /admin エンドポイントにアクセスできます。

▼リスト20.53　「GET /admin」エンドポイントにアクセスする

```
$ curl -XGET -H "Authorization: Bearer $TODO_TOKEN" localhost:18000/admin
{"message": "admin only"}%
```

▍別のユーザーからタスクが見えないことを確認する

管理者権限ロールではない `"role":"user"` という権限設定で新しいユーザーを作成し、アクセストークンを発行します。

▼リスト20.54　ユーザーの作成とアクセストークンの発行

```
$ curl -X POST localhost:18000/register -d '{"name": "normal_user", "password":"testtest",
"role":"user"}'
{"id":31}%

$ curl -XPOST localhost:18000/login -d '{"user_name": "normal_user", "password":"testtest"}'
{"access_token":"eyJhbGciO....}%

$ export TODO_TOKEN=eyJhbGciO....
```

`GET /tasks` エンドポイントにアクセスして先ほどのユーザーが登録したタスクが表示できないことを確認します。

▼リスト20.55　「GET /tasks」エンドポイントにアクセスする

```
$ curl -XGET -H "Authorization: Bearer $TODO_TOKEN" localhost:18000/tasks | jq
  % Total    % Received % Xferd  Average Speed   Time    Time     Time  Current
                                 Dload  Upload   Total   Spent    Left  Speed
100     2  100     2    0     0     98       0 --:--:-- --:--:-- --:--:--   117
[]
```

▍非管理者権限ロールのユーザーが「GET /admin」にアクセスできないことを確認する

最後に非管理者権限ロールが `GET /admin` にアクセスできないことを確認します。

▼リスト20.56　非管理者権限ロールは「GET /admin」にアクセスできない

```
$ curl -XGET -H "Authorization: Bearer $TODO_TOKEN" localhost:18000/admin
{"message":"not admin"}%
```

`"role":"user"` という権限設定で作成したユーザーのアクセストークンでは `GET /admin` エンドポイントにアクセスしても正常なレスポンスが得られませんでした。

COLUMN　　ワンライナーでの実行

毎回トークンを発行して `export` で環境変数に登録するのが面倒な場合、実行のたびにトークンを発行することになりますが、`jq` コマンド[16]と `sed` コマンドを駆使して次のようなワンライナーでも実行できます。

▼リスト20.57　ワンライナーでの実行

```
$ curl -XGET -H "Authorization: Bearer $(curl -XPOST localhost:18000/login -d '{"user_
name": "admin_user", "password":"test"}' | jq ".access_token" | sed "s/\"//g")"
localhost:18000/tasks | jq
```

20

Redis とJWTを用いた認証・認可機能の実装

▌▌まとめ

本章では素朴な認証・認可の機能の実装を通して次のことを学習しました。

- ● ローカルマシンと自動テスト環境でRedisコンテナを起動しました。
- ● Redisを使った共有メモリへの永続化を行いました。
- ● 「go:embed」ディレクティブを使ってファイルの埋め込みを行いました。
- ● JWTを使ってアクセストークンを払い出す認証・認可の仕組みを実装しました。
- ● ミドルウェアパターンと「context」パッケージを使ってトークン内部の情報を透過的にHTTP ハンドラー内で使えるようにしました。
- ● テストの事前データ作成を効率化するためにフィクスチャ関数を実装しました。

本章までの一連の章を通して、インクリメンタルなアプローチで「main」関数1つの実装から認証・認可機能を使ったアクセス制御・データ表示制限を行うTODOタスクアプリケーションサーバーを実装することができました。

ログやエラーハンドリングなど引き続き実装すべき機能はいくらでもあるのですが、本書では一連の動作確認ができたこの段階で実装を終わります。

■EPILOGUE

本書は多くの方々のご協力のおかげで出版することができました。

私がGoにはじめて触れたのは新卒入社した会社の親会社で開催された柴田芳樹さんのプログラミング言語Go研修[1]でした。柴田さんには本書の執筆にあたってもレビュアーの一人として参加していただきました。多くの技術的な指摘から表記ゆれのような書籍としての指摘もしていただきました。

Go Conference[2]運営Slackつながりの方々では株式会社マネーフォワードの@luccafortさん、同じく株式会社マネーフォワードでエンジニアをしておられるujiさん、「推測するな、計測せよ」が座右の銘の山口能迪さん、フューチャー株式会社の渋川よしきさん、「人類をGopher化計画」を着々と進められている@tenntennさん、伊藤真彦さん、「Go言語仕様輪読主催」のsyumaiさん、ひらいさだあきさん、「忠恕」と「感謝有難う」が信条の岩田隆治さんにコメントしていただきました。

挑戦し続けるChallengeEveryMonthコミュニティ[3]つながりの方々では吉村健矢さん、井上智也さん、木谷明人(@kdnakt)さん、「とりあえずやってみる」が座右の銘の久野祐介さん、koji/メガネ男さん、「継続は力なり」が座右の銘の多田貞剛さんにコメントしていただきました。

以上のみなさまの協力・助言にもかかわらず誤字や内容に不備があった場合、すべて私の責任です。

執筆や育児に関するワークライフバランスの調整に協力してくださったBASE株式会社BASE BANKチームの皆さんも感謝します。また、C&R研究所の池田代表と担当してくださった吉成氏には出版の機会を与えていただいたことに感謝します。

最後に、双子の育児で多忙な中、1年間執筆をサポートしてくれた妻あゆみに感謝します。また、休日子供の面倒を代わりにみてくれた父と母、お揃いの色のGopherくんTシャツが大好きな娘と息子にも感謝します。

2022年6月

清水 陽一郎

[1]:https://yshibata.blog.ss-blog.jp/2016-10-21
[2]:https://gocon.jp
[3]:https://kojirooooocks.hatenablog.com/entry/2019/12/26/000525

INDEX

■著者紹介

清水 陽一郎
（しみず よういちろう）

1986年埼玉県生まれ。精密機器メーカー子会社、クラウド会計サービスの会社を経て2019年よりBASE株式会社勤務。
GitHubやTwitterなどのアカウント名は@budougumi0617。
C、C++、C#、Ruby、PHPなどの実務経験があるが、Goが一番好き。
ブログを書くのが趣味。

◆My External Storage
https://budougumi0617.github.io

◆GitHub
https://github.com/budougumi0617

◆Twitter
https://twitter.com/budougumi0617

●特典がいっぱいのWeb読者アンケートのお知らせ

C&R研究所ではWeb読者アンケートを実施しています。アンケートにお答えいただいた方の中から、抽選でステキなプレゼントが当たります。詳しくは次のURLのトップページ左下のWeb読者アンケート専用バナーをクリックし、アンケートページをご覧ください。

C&R研究所のホームページ **https://www.c-r.com/**

携帯電話からのご応募は、右のQRコードをご利用ください。

編集担当：吉成明久 / カバーデザイン：秋田勘助（オフィス・エドモント）
イラスト：©cobalt - stock.foto

詳解Go言語Webアプリケーション開発

2022年8月 1日　第1刷発行
2022年8月19日　第2刷発行

著　者　　清水陽一郎

発行者　　池田武人

発行所　　株式会社　シーアンドアール研究所
　　　　　新潟県新潟市北区西名目所4083-6（〒950-3122）
　　　　　電話　025-259-4293　FAX　025-258-2801

印刷所　　株式会社　ルナテック

ISBN978-4-86354-372-0　C3055

©Yoichiro Shimizu, 2022

Printed in Japan